FELSMECHANIK UND INGENIEURGEOLOGIE
ROCK MECHANICS AND ENGINEERING GEOLOGY
SUPPLEMENTUM V

Rheologie und Felsmechanik
Rheology and Rock Mechanics

Kolloquium der Arbeitsgruppe Rheologie der Österreichischen Gesellschaft für Geomechanik und des Instituts für Bodenmechanik und Felsmechanik der Universität Karlsruhe

Symposium of the Study Group on Rheology of the Austrian Society for Geomechanics and of the Institute for Soil Mechanics and Rock Mechanics of the University of Karlsruhe

Salzburg, 28. Oktober 1967

Herausgegeben von / Edited by
L. Müller, Salzburg

Unter Mitwirkung von / In Cooperation with
C. Fairhurst, Minneapolis

Mit 26 Abbildungen
With 26 Figures

1969

SPRINGER-VERLAG / WIEN · NEW YORK

ISBN-13: 978-3-211-80922-8 e-ISBN-13: 978-3-7091-5491-5
DOI: 10.1007/978-3-7091-5491-5

Library of Congress Catalog Card Number 68-59204

Titel Nr. 9242

Vorwort

Auf Anregung einiger jüngerer Kollegen fand im Anschluß an das Ludwig-Föppl-Kolloquium der Österreichischen Gesellschaft für Geomechanik am 28. Oktober 1967 in Salzburg eine Aussprache über rheologische Probleme der Geomechanik statt, welche von der Abteilung Felsmechanik am Institut für Bodenmechanik und Felsmechanik der Universität Karlsruhe gemeinsam mit der Österreichischen Gesellschaft für Geomechanik veranstaltet wurde.

An die einleitenden Vorträge schloß sich eine lebendige Wechselrede an, welche so viele und interessante Kontakte zwischen den von den einzelnen Teilnehmern vertretenen Arbeitsgebieten anspringen ließ, daß es den Herausgebern wert erschien, die ganze Aussprache, zwar in konzentrierter Form, im wesentlichen aber doch vollständig, wiederzugeben.

Für die umsichtige Mitarbeit bei der Vorbereitung und Durchführung des Kolloquiums sowie bei der Redigierung der Diskussionsbeiträge gebührt Herrn Dipl.-Ing. Hofmann, Karlsruhe, besonderer Dank.

Leopold Müller-Salzburg

Inhaltsverzeichnis

Einleitende Vorträge

Aussprache

Felsmechanik u. Ingenieurgeol., Suppl. V, 1—8 (1969)

Grundlagen der Rheologie

Von

H. Leipholz

(Eingegangen am 12. Februar 1968)

Mit 4 Textabbildungen

Zusammenfassung — Summary — Résumé

Grundlagen der Rheologie. Man darf erwarten, daß die in der Rheologie entwickelten und inhomogenes, mehrphasiges, anelastisches Verhalten erfassenden Stoffgesetze gerade zur Beschreibung von Böden und Festkörpern besonders geeignet sind. Um ihre Anwendung einzuleiten, werden die Grundlagen der Rheologie und — anhand von Formeln und Modellen — die Eigenschaften der wichtigsten rheologischen Körper aufgezeigt.

Principles of Rheology. The classical Hooke and Newton bodies are shown to be the limiting forms of the behaviour of actual rheological materials. Variations from these extremes are taken into consideration by introducing Maxwell, Kelvin, and other models. The stress-strain-relations of these bodies are thus seen as generalizations of the classical laws of Hooke and Newton. The first step in such a generalization is to take into account the derivatives of stress and strain in addition to stress and strain themselves, while the so augmented laws still remain linear. But following a representation of D. C. Drucker it is a simple matter by working with the Invariants of the Tensors, to progress from the usual linear stress-strain-laws to nonlinear relationships, such as Nortons law. In this way it is possible to describe all of the time-dependent phenomena, which one may encounter in connection with rock problems.

Finally an example is given of a simple Maxwell-beam to illustrate how to work with rheological stress-strain-relations. This example also allows an important problem of „relaxation" to be discussed.

Les fondements de la rhéologie. On montre que les corps classiques de Hooke et de Newton encadrent le domaine des comportements rhéologiques réels, représentés par exemple par les corps de Maxwell, de Kelvin, etc. Il est donc possible de considérer les relations contraintes-déformations de ces corps comme des généralisations des lois classiques de Hooke et de Newton. Le premier pas dans cette généralisation est la prise en compte des dérivées de la contrainte et de la déformation, la relation entre contrainte et déformation restant linéaire. Mais en suivant une représentation de D. C. Drucker il est possible et facile, grâce aux invariants tensoriels, de passer des relations linéaires habituelles à des lois non linéaires comme la loi de Norton, ce qui permet de décrire tous les phénomènes différés si souvent rencontrés dans les roches. On donne enfin un exemple pour montrer à l'aide d'une simple poutre de Maxwell comment utiliser les relations rhéologiques entre contraintes et déformations. Cet exemple permet aussi de traiter l'important problème de ce qu'on appelle relaxation.

Man sagt häufig, eine Materie sei insoweit wissenschaftlich erfaßt, wie sie sich mathematisieren lasse. In diesem Sinne hat man z. B. eine *mathematische* Elastizitätstheorie geschaffen, und ebenso wird man bestrebt sein, die Boden- und die Felsmechanik auf eine mathematisch-physikalische Grundlage zu stellen. — In gewissem Umfang ist dies auch schon erfolgt. Man denke nur an die Anwendung der im

Rahmen der Elastizitätstheorie entwickelten Theorie von Boussinesq auf die Berechnung von Spannungsverteilungen unter Fundamenten. — Sehr bald wird man aber erkennen, daß in der Boden- und Felsmechanik die Hilfsmittel der klassischen Elastizitätstheorie zur Ermittlung der Spannungsverteilung und der durch sie verursachten Verformungen nicht ausreichen. Die Böden, der Felskörper sind inhomogen, mehrphasig, anelastisch, und infolgedessen ist das Stoffgesetz des Hookeschen Körpers keineswegs ausreichend, um das komplizierte Verhalten dieser Materialien richtig zu beschreiben. Das veranlaßt die Umschau nach anderen Stoffgesetzen und führt schnell zu dem Gedanken, womöglich bei der Rheologie geeignete Ansätze zu entnehmen.

Es soll hier keineswegs der Nachweis geführt werden, daß man mit den Hilfsmitteln der Rheologie nun wirklich sachgemäßer als mit denen der Elastizitätstheorie Boden- und Felsmechanik treiben könne. Es soll lediglich eine Einführung in die Begriffe und Grundlagen der Rheologie gegeben werden. Es mag anderen Autoren vorbehalten bleiben, die Anwendung der Rheologie auf die Felsmechanik wirklich vorzunehmen. Zum Beispiel hat sich Langer mit dieser Aufgabe bereits anläßlich des 1. Internationalen Kongresses für Felsmechanik (Lissabon 1966) befaßt.

Nach M. Reiner, einem der Väter dieser Wissenschaft, ist *Rheologie* die Wissenschaft von der Verformung und dem Fließen der Materie. In diesem Sinn gehören bereits Elastizitätstheorie und Hydromechanik als Teilgebiete zur Rheologie Greifen wir diesen Gedanken auf: Der Hookesche (elastische) Körper wird durch das Stoffgesetz

$$\sigma_{ij}^{(0)} = 2\,\mu\,\varepsilon_{ij}^{(0)} \tag{1}$$

festgelegt. (Dabei ist nur der die Gestaltänderung beschreibende Anteil des Hookeschen Gesetzes benannt worden, weil er der wesentliche und daher hier interessierende ist.) Den Newtonschen (flüssigen) Körper beschreibt das Stoffgesetz

$$\sigma_{ij}^{(0)} = 2\,\eta\,\dot{\varepsilon}_{ij}^{(0)}. \tag{2}$$

Hookescher und Newtonscher Körper bilden den Rahmen, der durch die übrigen, eigentlich *rheologischen Körper* auszufüllen ist. Am allgemeinsten kann man diese Ausfüllung dadurch vornehmen, daß man ein sogenanntes *rheologisches Gesetz*

$$a_0 + a_1\,\varepsilon_{ij}^{(0)} + a_2\,\dot{\varepsilon}_{ij}^{(0)} + a_3\,\sigma_{ij}^{(0)} + a_4\,\dot{\sigma}_{ij}^{(0)} = 0 \tag{3}$$

aufstellt und durch Festlegung der Koeffizienten a_0 bis a_4 die verschiedensten Stoffgesetze und damit rheologische Körper festlegt. Auch die beiden Grenzkörper sind schon in (3) enthalten: Wenn man $a_1 = 2\,\mu$, $a_3 = -1$ und alle übrigen Koeffizienten gleich Null setzt, ergibt sich der Hookesche, und wenn man $a_2 = 2\,\eta$, $a_3 = -1$ und alle übrigen Koeffizienten gleich Null setzt, der Newtonsche Körper.

Natürlich darf man keineswegs in naiver Weise mit den Koeffizienten von (3) umgehen und dadurch ganz willkürliche Stoffgesetze und rheologische Körper definieren. Anfänglich hat man das wohl, zum Glück ohne großen Schaden, getan. Heute weiß man dank der Untersuchungen von C. Truesdell und seinen Schülern, daß sinnvolle Stoffgesetze gewissen Grundforderungen genügen müssen: Die Prinzipien der Determiniertheit, lokalen Wirkung, Allgegenwärtigkeit, materiellen Objektivität und Symmetrie sollten erfüllt sein. Nur Gesetze, die sich aus (3) herleiten lassen und noch gleichzeitig den soeben genannten Prinzipien genügen, sind also wert, in die Betrachtungen einbezogen zu werden. Es sei noch kurz erläutert, was die Prinzipien besagen.

Das *Prinzip der Determiniertheit* verlangt, daß infolge des Stoffgesetzes die Vergangenheit die Gegenwart bestimme. Das *Prinzip der lokalen Wirkung* legt fest, daß das Verhalten einer Partikel durch die Bedingungen einer beliebig kleinen Umgebung bestimmt sei. Das *Prinzip der Allgegenwärtigkeit* schreibt vor, daß eine unabhängige Variable, wenn sie in einer Stoffgleichung vorkommt, auch in allen anderen mit dem betreffenden Material in Beziehung stehenden physikalischen Gleichungen vorkommen müsse. Daraus folgt nach W. Noll die Isotropie des Raumes.

Wir nehmen jetzt an, daß wir sorgfältig, unter Beachtung der Prinzipien, vorgegangen seien. Dann kommen wir durch Spezifizierung von (3) nach und nach zu den folgenden wichtigsten Exponenten rheologischer Körper: zu dem

Maxwell-Körper, $$\dot{\varepsilon}_{ij}^{(0)} = \frac{1}{2\mu}\,\dot{\sigma}_{ij}^{(0)} + \frac{1}{2\eta}\,\sigma_{ij}^{(0)}, \tag{4}$$

Kelvin-Körper, $$\sigma_{ij}^{(0)} = 2\mu\,\varepsilon_{ij}^{(0)} + 2\eta\,\dot{\varepsilon}_{ij}^{(0)}, \tag{5}$$

Prandtl-Körper, $$\left.\begin{aligned} &\sigma_{ij}^{(0)} = 2\mu\,\varepsilon_{ij}^{(0)} && \text{für } f(J_2, k) < 0 \\ &\sigma_{ij}^{(0)} + \frac{\lambda}{\mu}\,\dot{\sigma}_{ij}^{(0)} = 2\lambda\,\dot{\varepsilon}_{ij}^{(0)} && \text{für } f(J_2, k) = 0 \end{aligned}\right\} \tag{6}$$

Bingham-Körper, $$\sigma_{ij}^{(0)} = \vartheta_{ij}^{(0)} + 2\,\eta_{pl}\,\dot{\varepsilon}_{ij}^{(0)}. \tag{7}$$

Zu ihnen seien folgende Bemerkungen gemacht: Das Stoffgesetz des Maxwell-Körpers kann sehr anschaulich dadurch gedeutet werden, daß man (4) als die Summe der Verzerrungsgeschwindigkeitsdeviatoren des Hookeschen und des Newtonschen Körpers auffaßt. Ganz entsprechend ergibt sich das Stoffgesetz des Kelvin-Körpers durch Addition der Spannungsdeviatoren des Hookeschen und des Newtonschen Körpers. — Das Stoffgesetz des Prandtlschen Körpers beschreibt das Auftreten plastischen Fließens. In (6) ist $f(J_2, k)$ die Fließbedingung und dabei J_2 die zweite Invariante des Spannungsdeviators, k eine Materialkonstante. — Das Stoffgesetz des Bingham-Körpers gibt die Erscheinung der Thixotropie wieder, wie man sie an Ölfarbe beobachtet, und diese Beobachtungen Binghams haben übrigens auch den Anstoß zur Aufstellung der Lehre von der Rheologie gegeben.

Man kann, wie z.B. D. C. Drucker gezeigt hat, auch noch auf andere Weise zu allgemeineren, insbesondere zu den im Zusammenhang mit der Rheologie interssierenden nichtlinear-viskosen Stoffgesetzen gelangen. Dazu gehe man von (1) aus und setze allgemeiner

$$\varepsilon_{ij}^{(0)} = F(J_2)\,\sigma_{ij}^{(0)}, \tag{8}$$

wobei J_2 wieder die zweite Variante des Spannungsdeviators ist. Wenn man nun in (8) $\varepsilon_{ij}^{(0)}$ durch $\dot{\varepsilon}_{ij}^{(0)}$ ersetzt und für $F(J_2)$ geeignete Funktionen annimmt, so kommt man zu den gewünschten Gesetzen: Mittels

$$F(J_2) = \frac{3}{2}\,G(J_2)\,\frac{dJ_2}{dt} = \frac{3}{2}\,\frac{\lambda}{dt},$$

wo $G(J_2)$ irgendeine positive Funktion von J_2 ist, gelangt man z. B. zu

$$d\varepsilon_{ij}^{(0)} = \frac{3}{2}\lambda\sigma_{ij}^{(0)}, \tag{9}$$

dem Gesetz des ideal-plastischen v.-Mises-Körpers und mittels

$$F(J_2) = \frac{3}{2} B J_2^{\frac{n-1}{2}},$$

wo B und n Konstante sind, zu

$$\dot{\varepsilon}_{ij}^{(0)} = \frac{3}{2} B J_2^{\frac{n-1}{2}} \sigma_{ij}^{(0)}. \tag{10}$$

Dieses letztgenannte Gesetz wird sofort anschaulich, wenn man es für eindimensionalen Zug schreibt. Es lautet dann

$$\dot{\varepsilon} = \frac{B\sigma^n}{3(n-1)/2} = \left(\frac{\sigma}{C}\right)^n \tag{11}$$

und man sieht, daß es das Nortonsche Gesetz ist, welches das sekundäre Kriechen eines Körpers wiedergibt.

Wenn man in der einen oder anderen Weise rheologische Stoffgesetze sinnvoll hergeleitet hat, muß man darangehen, sie zu deuten, damit man erkennt, welche spezifischen Eigenschaften dem Körper durch sie zugeschrieben werden. Am einfachsten geschieht das zunächst dadurch, daß man die tensoriellen Gleichungen eindimensional anschreibt, wie das z. B. für (10) schon durchgeführt worden ist. Wir wollen das jetzt für einige der zuvor genannten rheologischen Gesetze nachholen.

Für den *Hookeschen Körper* erhalten wir aus (1) das eindimensionale Gesetz

$$\sigma = E\varepsilon. \tag{12}$$

Es läßt sich im Vergleich zu den noch folgenden durch das rheologische Modell einer *elastischen Feder* und durch die folgende Zeitabhängigkeit der Dehnung deuten (Abb. 1):

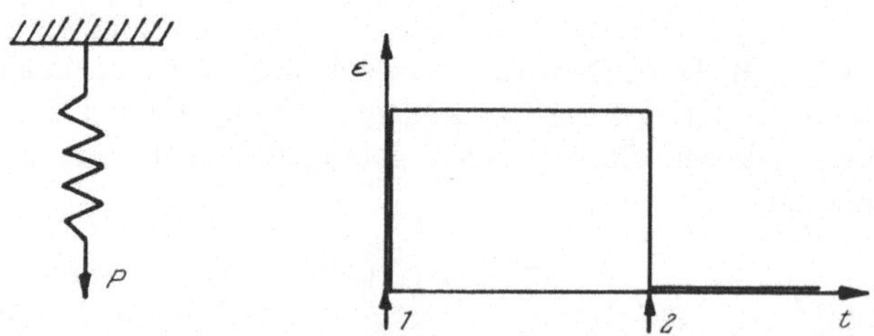

Abb. 1. Rheologisches Modell des Hookeschen Körpers

Rheological Model for the Hooke body

Modèle rheologique du corps de Hooke

1 Belastung — load — charge; 2 Entlastung — unload — décharge

Für den *Newtonschen Körper* folgt aus (2)

$$\dot{\varepsilon} = \frac{\sigma}{C}, \tag{13}$$

was sich durch das rheologische Modell eines *Dämpfungszylinders* und durch folgendes Dehnungsdiagramm beschreiben läßt (Abb. 2):

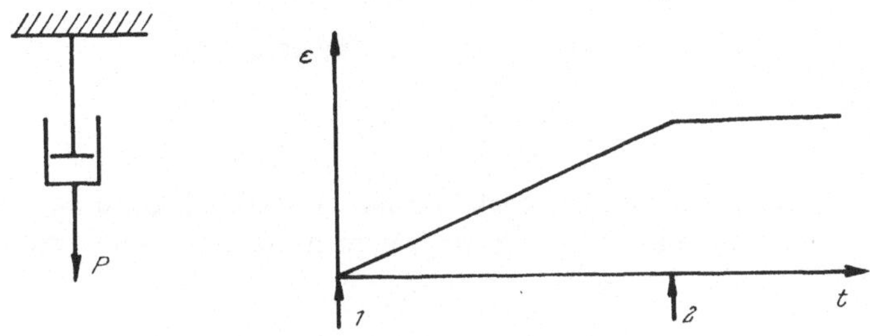

Abb. 2. Rheologisches Modell des Newtonschen Körpers

Rheological Model for the Newton body

Modèle rheologique du corps de Newton

1 Belastung — load — charge; *2* Entlastung — unload — décharge

Für den *Maxwell-Körper* lautet (4) eindimensional

$$\dot{\varepsilon} = \frac{\dot{\sigma}}{E_M} + \frac{\sigma}{C_M}. \tag{14}$$

Das rheologische Modell ist jetzt die Hintereinanderschaltung von Feder und Dämpfungszylinder, und sein besonderes Verhalten muß aus zwei Diagrammen abgelesen werden (Abb. 3):

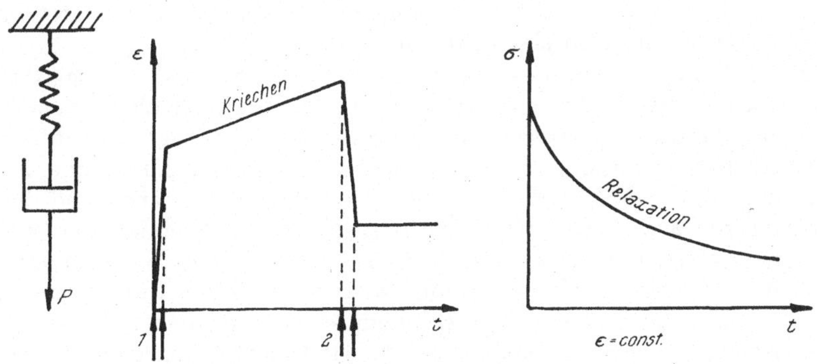

Abb. 3. Rheologisches Modell des Maxwellschen Körpers

Rheological Model for the Maxwell body

Modèle rheologique du corps de Maxwell

1 Belastung — load — charge; *2* Entlastung — unload — décharge

Es zeigt sich, daß bei konstanter Belastung ein Kriechen einsetzt, das nach Entlastung das Zurückbleiben einer gewissen Dehnung zur Folge hat. Bei konstanter Dehnung, also $\dot{\varepsilon} = 0$, folgt aus (14)

$$\dot{\sigma} = -\varkappa\,\sigma,\ \varkappa = \frac{E_M}{C_M},$$

d. h. $\sigma = \sigma_0\, e^{-\varkappa t}$, woraus man ein exponentielles Abnehmen der Spannung ablesen kann, ein Vorgang, den man Relaxation nennt.

Für den *Kelvin-Körper* läßt sich (5) eindimensional als

$$\sigma = E_K\,\varepsilon + C_K\,\dot{\varepsilon} \tag{15}$$

angeben. Sein rheologisches Modell besteht aus der Parallelschaltung von Feder und Dämpfungszylinder und sein Dehnungsdiagramm gestattet wieder interessante Aussagen (Abb. 4):

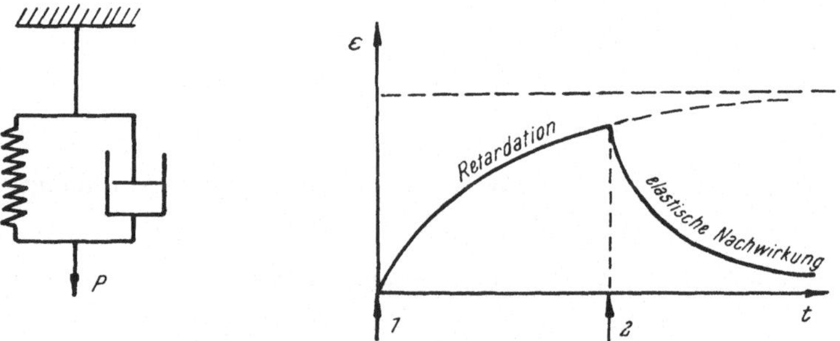

Abb. 4. Rheologisches Modell des Kelvinschen Körpers
Rheological Model for the Kelvin body
Modèle rheologique du corps de Kelvin
1 Belastung — load — charge; *2* Entlastung — unload — décharge

Man findet bei Belastung Retardation, d. h. nur langsames exponentielles Anwachsen der Dehnung und bei Entlastung nur langsames, wieder exponentielles Abnehmen der Dehnung, also elastische Nachwirkung.

Der Kürze halber sollten diese Betrachtungen, die auch noch für den Prandtl- und Bingham-Körper hätten angestellt werden können, hier abgebrochen werden. Es sei nur noch darauf hingewiesen, wie sehr anschaulich und daher fruchtbar gerade die rheologischen Modelle sind, die als Federn, Dämpfungszylinder und ihre Kombinationen eingeführt wurden. So zeigen die Modelle des Kelvin- und des Maxwell-Körpers, die aus solchen Kombinationen bestehen, in einfachster Weise, wie richtig es gewesen ist, die Gesetze (4) und (5) dieser Körper als Kombination der Gesetze (1) und (2) des Hookeschen und des Newtonschen Körpers aufzufassen, was wir ja zuvor getan haben. Angeregt dadurch könnte man sich weitere, kompliziertere Kombinationen rheologischer Modellelemente ausdenken und daran orientiert, zu Stoffgesetzen komplizierter, mehrphasiger Materialien gelangen. So ist man zum Teil auch mit Erfolg vorgegangen.

Das Hauptanliegen der Rheologie, Bereitstellung von besonderen Stoffgesetzen, haben wir nunmehr in kurzen Zügen kennengelernt. Dabei soll besonders hervorgehoben werden, daß wir sogar zu zeitabhängigen Gesetzen gelangt sind, so daß Vorgänge wie Kriechen, Retardation, Relaxation usw. erfaßt worden sind. Gerade das ist aber von Bedeutung für die Felsmechanik, wo sich im Material häufig zeitabhängige Vorgänge abspielen. Es darf daher tatsächlich gehofft werden, daß man durch Übernahme von rheologischen Gesetzen den wirklichen Gegebenheiten des Felskörpers in zufriedenstellender Weise gerecht werden kann.

Wie arbeitet man nun mit den rheologischen Gesetzen? Nicht viel anders als mit denen der Elastizitätstheorie! Bei jener hat man neben das Hookesche Gesetz die Gleichgewichtsbedingungen, die geometrischen Gleichungen und die Kompatibilitätsbedingungen zu stellen, um einen vollständigen Gleichungssatz zur Ermittlung aller Unbekannten zu besitzen. In der Rheologie ist es entsprechend: An die Stelle des Hookeschen Gesetzes tritt das etwas kompliziertere rheologische Stoffgesetz, und diesem hat man, wie vorher, die Gleichgewichts-, geometrischen und Kompatibilitätsbedingungen hinzuzufügen. Allerdings mit dem Unterschied, daß jetzt zum Teil die zeitlichen Ableitungen statt der Tensoren selbst in die Bedingungen einzusetzen sind. Von Fall zu Fall kann die Zahl der zur Verfügung stehenden Gleichungen wegen des Auftretens zusätzlicher Unbekannter doch noch zu klein sein. Dann muß man neue Bedingungen einführen, z. B. das Fließgesetz und die Inkompressibilitätsbedingung bei plastischen Vorgängen.

An einem ganz einfachen Beispiel sei der Rechengang für einen visko-elastischen Balken geschildert: Es liege das Maxwellsche Stoffgesetz

$$\dot{\varepsilon} = \dot{\varepsilon} + \dot{\varepsilon}_v = \frac{\dot{\sigma}}{E} + \frac{\sigma}{C} \tag{16}$$

vor. Gleichgewichts- und geometrische Bedingungen liefern für den elastischen Anteil bei Differentiation nach der Zeit

$$\frac{\partial}{\partial t}\left(\frac{\partial^2 w}{\partial x^2}\right)_e = -\frac{1}{EJ}\frac{\partial M}{\partial t}. \tag{17}$$

Aus Analogiegründen ergibt sich für den viskosen Anteil

$$\frac{\partial}{\partial t}\left(\frac{\partial^2 w}{\partial x^2}\right)_v = -\frac{1}{CJ} M. \tag{18}$$

Insgesamt steht daher für (16) die Zusammenfassung von (17) und (18), nämlich

$$\frac{\partial}{\partial t}\left(\frac{\partial^2 w}{\partial x^2}\right) = \frac{\partial}{\partial t}\left(\frac{\partial^2 w}{\partial x^2}\right)_e + \frac{\partial}{\partial t}\left(\frac{\partial^2 w}{\partial x^2}\right)_v = -\frac{1}{EJ}\frac{\partial M}{\partial t} - \frac{M}{CJ}$$

bzw.

$$\frac{\partial M}{\partial t} + \frac{M}{\tau} + EJ\frac{\partial}{\partial t}\left(\frac{\partial^2 w}{\partial x^2}\right) = 0, \quad \tau = \frac{C}{E}. \tag{19}$$

Die Lösung von (19) ist

$$M = e^{-t/\tau}\left[M_0 + EJ\int_0^t e^{-t/\tau}\frac{\partial}{\partial t}\left(\frac{\partial^2 w}{\partial x^2}\right) dt\right]. \tag{20}$$

Wenn dem Balken z. B. eine konstante Krümmung auferlegt wird, so ist $\partial\,(\partial^2 w/\partial x^2)/\partial t = 0$, und es verbleibt

$$M = e^{-t/\tau} M_0,$$

also ein exponentiell abnehmendes Moment. Wir sind, wie für den Maxwell-Balken zu erwarten war, auf Relaxation geführt worden.

Abschließend sei bemerkt, daß bei tieferem Eindringen in die Theorie der Kontinuumsmechanik, von welcher die Rheologie ein Teilgebiet ist, sich die Notwendigkeit erweist, auch die Thermodynamik und die Statistik in den Bereich der Betrachtungen einzubeziehen. Rheologische Vorgänge sind keineswegs adiabatisch, und die kaum erfaßbare Inhomogenität der Materie kann zum Arbeiten mit statistischen Erwartungswerten zwingen. Eine umfassende Theorie unter Einbeziehung dieser Aspekte ist im Entstehen. Man findet z. B. Ansätze dazu in Arbeiten von Noll[1] und in dem Truesdellschen Beitrag zum Handbuch der Physik[2] über nichtlineare Feldtheorien. Es ist zu erwarten, daß auch von dieser Seite her wertvolle Impulse für die Felsmechanik ausgehen werden.

Anschrift des Verfassers: Professor Dr.-Ing. Horst Leipholz, Institut für Technische Mechanik und Festigkeitslehre an der Universität Karlsruhe, D-75 Karlsruhe, Kaiserstraße 12.

---

[1] Noll: Die Herleitung der Grundgleichungen der Thermomechanik der Kontinua aus der statistischen Mechanik. Journ. of Rat. Mech. and Anal. (1955).

[2] Handbuch der Physik, III, 3, Springer-Verlag.

Felsmechanik u. Ingenieurgeol., Suppl. V, 9—20 (1969)

Grundbegriffe der Rheologie und ihre Anwendbarkeit bei der Verformung von Gebirgskörpern

Von

M. Langer, Hannover

Mit 2 Textabbildungen

(Eingegangen am 16. Februar 1968)

Zusammenfassung — Summary — Résumé

Grundbegriffe der Rheologie und ihre Anwendbarkeit bei der Verformung von Gebirgskörpern. Die vorliegende Arbeit beschäftigt sich mit der Frage, inwieweit Vorstellungen, Annahmen, Begriffe, Gesetze und Ergebnisse der rheologischen Forschung auf Probleme der Verformung von Gebirgskörpern übertragen und für die Felsmechanik nutzbar gemacht werden können.

Es erfolgt deshalb zunächst eine Zusammenstellung der für die Beantwortung dieser Frage entscheidenden Gesichtspunkte. Dabei werden folgende Begriffe hinsichtlich der Konsequenzen bei ihrer Anwendung in der Felsmechanik erörtert: Kontinuum, Homogenität, Isotropie, Bereich.

Einer Übersicht über verschiedene rheologische Modelle für die Verformung von Gebirgskörpern schließt sich die Diskussion einer allgemeinen rheologischen Stoffgleichung an, die vom Autor aus in-situ-Versuchen abgeleitet wurde Die phänomenologische Betrachtungsweise wird dabei durch strukturrheologische Erklärungen der elastischen, viskoelastischen und plastischen Verformung von Gebirgskörpern ergänzt.

Rheological Principles and Their Applicability to the Deformation of Rock. The paper discusses the extent to which ideas, assumptions, concepts, laws, and results of rheological research can be applied to problems concerning the deformation of rock, and be utilized for rock mechanics.

The various possible ways for solving this problem are outlined. In this context the concepts of continuum, homogeneity, isotropy, and scale are discussed with respect to the consequences resulting from their application to rock mechanics.

A general review of the various rheological models from rock deformation is followed by discussion of a general rheological material equation derived by the author from in-situ experiments. The phenomenological approach is supplemented by structural explanations of the elastic, visco-elastic and plastic deformation of rock.

Les concepts rhéologiques et leur application à la déformation des massifs rocheux. Ce travail détermine jusqu'à quel point les idées, les hypothèses, les concepts, les lois et les résultats des recherches rhéologiques peuvent s'appliquer aux problèmes de déformation des massifs rocheux et servir de base à la mécanique des roches.

On rassemble donc d'abord les différents points de vue exprimés sur cette question. Ainsi on discute les concepts suivants et les conséquences de leur application en mécanique des roches: continuité, homogénéité, isotropie, domaine d'influence.

Un exposé sommaire des différents modèles rhéologiques de déformation des massifs rocheux est suivi de la discussion d'une équation d'état rhéologique déduite par l'auteur à partir d'essais en place.

L'approche phénoménologique est complétée par des explications structurales sur les déformations élastiques, visco-élastiques et plastiques des massifs rocheux.

1. Grundlagen der Gebirgskörpermechanik

Als Ausgangspunkt unserer Erörterungen über die Anwendbarkeit rheologischer Begriffe bei der Verformung von Gebirgskörpern müssen wir uns als erstes mit dem Begriff des Gebirgskörpers selbst näher beschäftigen. Dazu diene uns das Schema der Tab. 1.

Tabelle 1. Das mechanische Verhalten natürlicher Felsmassen (Schema)
The mechanical behaviour of rock masses (schematic)
Le comportement mécanique des massifs rocheux naturels (schéma)

Material	Merkmale	Bezeichnung des Systems nach L. Müller	Mathematische Beschreibung des Deformationsverhaltens
Kompaktes Festgestein	Fugenlose, massige Ausbildung	Einkörpersystem	Kontinuumsmechanik, Rheologie, Aufstellen von Stoffgesetzen
Realer Gebirgskörper	Geklüftet, angebrochen, durchbrochen	Mehrkörper- oder Vielkörpersystem	Geomechanik, Einschränkung der Kontinuumsmechanik auf statistische Aussagen, Diskontinuumsmechanik
Trümmermassen, Lockermassen	Lose Menge von Gesteinsteilchen	Gekörnte Masse	Bodenmechanik, stochastische Behandlung, Aufstellen von statistischen Diffusionsgleichungen

Im Gegensatz zu vielen anderen Festkörpern ist das ein Gebirge aufbauende Gestein kein fugenloses, gleichmäßig zusammenhängendes Material, sondern ein aufgeklüftetes und durchbrochenes Medium, das nach L. Müller (1963) als Mehrkörpersystem oder Vielkörpersystem bezeichnet werden kann. Dieser in der Natur vorkommende Fels mit allen seinen Trennflächen wird im Gegensatz zum Gesteinsstück, das meist massige Ausbildung besitzt, als Gebirgskörper bezeichnet.

Der reale Gebirgskörper als nur teilweise zusammenhängendes oder gar geschlichtetes System kann als Übergang zwischen einer kompakten zusammenhängenden Masse und einer Ansammlung loser, beweglicher Gesteinsteilchen aufgefaßt werden (Buchheim, 1961). Grundlage der mathematischen Beschreibung des Deformationsverhaltens des einen ist die Kontinuumsmechanik und Rheologie: für die Berechnung des Deformationsverhaltens des anderen hat J. Litwiniszyn (1963) eine stochastische Betrachtungsweise vorgeschlagen.

Aus dieser Zwischenstellung ergeben sich nun zwei Wege zur mathematischen Beschreibung des Deformationsverhaltens des Gebirgskörpers unter statischer oder dynamischer Belastung: nämlich eine bereichsabhängig interpretierte Rheologie des Kontinuums oder eine rheologisch interpretierte Statistik der Lockermassen. Von diesen beiden Wegen erscheint aus mannigfachen Gründen der erstere erfolgversprechender, nicht nur deshalb, weil der Bauingenieur mit der Elastizitätstheorie vertrauter ist als mit der Diffusionstheorie, sondern vor allem deshalb, weil in der überwiegenden Anzahl von Gebirgsarten, in denen der Ingenieur Bauwerke plant, das Zusammenhängen der Gesteinsmassen gegenüber der lockeren Aneinanderreihung überwiegt.

Trotzdem oder besser gerade deshalb bleibt die Frage bestehen, inwieweit rheologische, also kontinuumsmechanische Begriffe auf ein Diskontinuum, wie es der Gebirgskörper darstellt, übertragen werden können.

Bevor im einzelnen auf diese Fragen eingegangen wird, müssen zwei bzw. drei grundlegende Begriffe geklärt werden, ohne die ein Verständnis des mechanischen Verhaltens von Gebirgskörpern undenkbar wäre.

Es handelt sich, kurz gesagt, um die Erscheinung, daß die mechanischen Eigenschaften nicht in allen Punkten eines Gebirgskörpers gleich zu sein brauchen und an einem Ort in verschiedenen Raumrichtungen verschieden stark entwickelt sein können, also die bekannten Begriffe der Genität und Tropie. In der technischen Mechanik haben sich die Begriffe der Quasi-Homogenität und Quasi-Isotropie bewährt, wenn in bezug auf einzelne Eigenschaften hinsichtlich der Lösung bestimmter praktischer Aufgaben keine scharfen Grenzen gezogen zu werden brauchen.

Ein Beispiel möge dies erläutern. Betrachtet sei das Verhalten des Gebirgskörpers gegen die dynamische Beanspruchung einer Druckwelle — gekennzeichnet durch den Elastizitätsmodul E und die Dämpfung n.

In einem Dolomit, der gefügekundlich gesehen sicherlich nicht isotrop ist, konnten keine wesentlichen Unterschiede der Eigenschaften in verschiedener Richtung festgestellt werden. Der Gebirgskörper ist in bezug auf sein dynamisches Verhalten quasi-isotrop (Abb. 1).

In einem devonischen Schiefer hingegen konnte parallel mit der petrographischen Anisotropie der Schieferung eine ausgeprägte Anisotropie des dynamischen Verhaltens des Gebirgskörpers beobachtet werden und zwar größere Dämpfung n und kleinere Ausbreitungsgeschwindigkeit c der Druckwelle in Richtung senkrecht auf die Schieferung (E. Habetha und M. Langer, 1967).

Als Beispiel für die Inhomogenität der Gebirgskörper können die felsdynamischen Versuchsergebnisse dienen, die zur Unterstützung eines ingenieurgeologischen Gutachtens für den Bau einer Kraftwerkskaverne durchgeführt worden sind. Es standen mehrere Orte (Gebiete A bis F in Tab. 2) eines begrenzten Gebietes in einem Schiefergebirge mit nahezu steilstehenden Schicht- bzw. Schieferungsflächen zur Auswahl. Die verschiedenen Orte ergaben bei gleicher Meßrichtung verschieden große Werte (Tab. 2), die auf unterschiedliche Ausbildung des Gebirges zurückzuführen sind (Langer, 1967).

Tabelle 2. Dynamische Kennziffern verschiedener Gebiete im Bereich einer geplanten Kraftwerkskaverne

Dynamic coefficients of various areas within the region of a projected cavern of a power station

Coefficients dynamiques de diverses zones dans le volume intéressant un projet d'usine hydroélectrique souterraine

Gebiet	E-Modul in kp/cm²	Dämpfungsgröße n	Dämpfungsbeiwert $\varkappa$	Retardationszeit in sec
A	430 000	1,7	0,05	$1,1 \cdot 10^{-5}$
B	400 000	1,8	0,07	$1,6 \cdot 10^{-5}$
C	500 000	1,2	0,01	$0,21 \cdot 10^{-5}$
D	400 000	1,7	0,05	$1,2 \cdot 10^{-5}$
E	175 000	2,2	0,2	$7 \cdot 10^{-5}$
F	320 000	2,0	0,1	$2,5 \cdot 10^{-5}$

Die Begriffe der Tropie und Genität sind mit einem weiteren wichtigen Begriff untrennbar verbunden, nämlich mit dem Begriff des Bereichs (im Sinne B. Sanders). In der technischen Mechanik ist es üblich von Größenordnungen zu sprechen, was im Grunde dasselbe meint. L. Müller (1963) hat, um eine gewisse Verbundenheit der Gefügekunde und der technischen Mechanik in der Felsmechanik zum Ausdruck zu bringen, den Begriff des Größenbereichs geprägt, der das gleiche umschreibt wie Bereich oder Größenordnung.

Uns interessiert dabei, daß die mechanischen Eigenschaften der Gebirgskörper bereichsabhängig sind, d. h. die mechanischen Eigenschaften eines Gesteinsstückes (im Labor untersucht) können z. B. nicht auf einen in-situ-Körper vom Ausmaße einer Felsböschung übertragen werden.

Das bezieht sich nicht nur auf irgendwelche Stoffkonstanten, sondern beim Übergang von einem Bereich zum anderen kann ein ganz anderes Stoffgesetz wirksam werden.

Insbesondere ist auch die eingangs angeschnittene Frage, inwieweit ein geologisch diskontinuierlich aufgebauter Körper auch geomechanisch als Diskon-

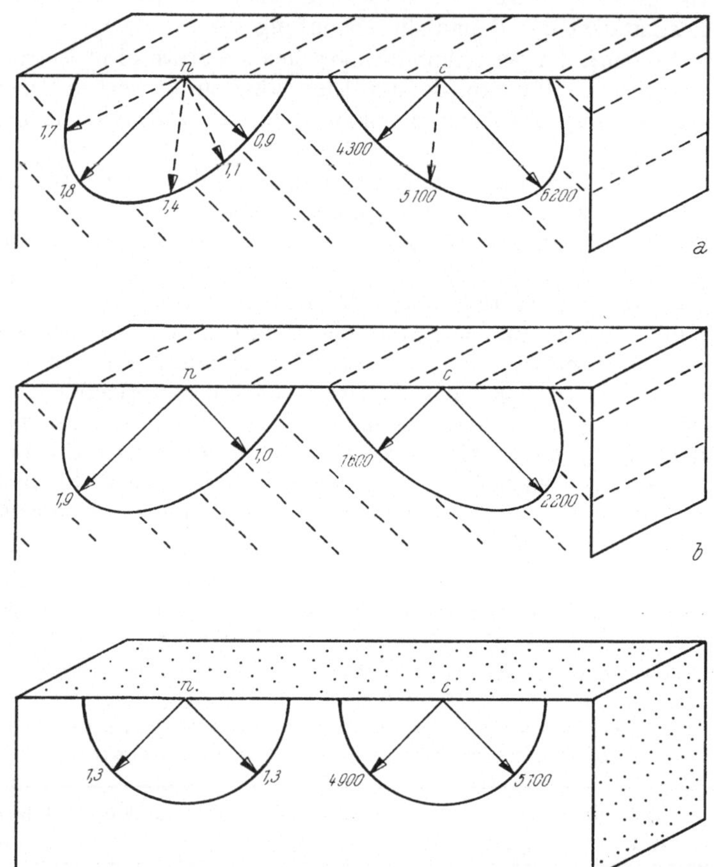

Abb. 1. Isotropie und Anisotropie der Druckwellenausbreitung (in Abhängigkeit von der Gebirgsstruktur)

a) Tonschiefer, quarzitisch; b) Devonische Schiefer; c) Dolomit. *n* Dämpfungsgröße; *c* Druckwellengeschwindigkeit in m/sec

Isotropy and anisotropy of propagation of pressure waves (as a function of rock structure)
(a) slate, quartzitic; (b) slate (Devon); (c) dolomite. *n* attenuation coefficent; *c* velocity of pressure waves in m/sec

Isotropie et anisotropie de la propagation des ondes de compression en fonction de la structure du massif rocheux
(a) schiste ardoisier, quartzitique; (b) schiste dévonien; (c) dolomite. *n* amortissement; *c* vitesse des ondes de compression en m/sec

tinuum wirkt, nur bei Betrachtung des jeweiligen Bereichs beantwortbar. Dieselbe Trennfläche kann mechanisch ganz unterschiedlich wirksam werden, je nachdem ob sie als durchgehende Einzeltrennfläche die Struktur des Gebirgskörpers wesentlich kennzeichnet oder — in einem größeren Bereich — als eine von vielen gleichgerichteten Trennflächen in untergeordneter Weise das Gefüge bestimmt. Im letzteren Falle wird man ähnlich wie beim Kristall (diskontinuierlicher Aufbau durch Atome, Moleküle oder Atomgruppen) ein Quasi-Kontinuum annehmen dürfen.

Im Einzelfall ist also stets zu entscheiden, ob genügend gleichscharige Trennflächen im betrachteten Bereich vorhanden sind, um die Annahme eines Quasi-Kontinuums zu rechtfertigen. Nur dann wird man die Grundbegriffe und Gesetze der Rheologie (Leipholz, 1968) auf die Deformation von Gebirgskörpern übertragen dürfen.

Besteht z. B. ein Gebirgskörper, der einen bestimmten Tunnelabschnitt umgibt, nur aus wenigen, durch Großklüfte oder Störungen voneinander getrennten Blöcken, dann wird keine statistische Homogenität erreicht und die Auswirkungen des Gebirgskörpers auf den Tunnel beruhen nicht mehr auf einem allgemeinen Stoffgesetz [wie z. B. Gl. (1)]. Hier muß jede einzelne Störung für sich untersucht werden. Auf Möglichkeiten, wie das geschehen könnte, hat M. Langer (1965, 1966) hingewiesen.

2. Rheologisches Verhalten der Gebirgskörper

2.1 Phänomenologische Betrachtungsweise

Das rheologische Verhalten von Gebirgskörpern wird durch in-situ-Belastungs/Verformungsversuche ermittelt. Solche Versuche sind Bohrlochverformungsversuche, Plattendruckversuche, Stollenaufweitungsversuche und ähnliche, die eine kurzfristige wie langfristige Beobachtung gestatten. Die Auswertung solcher Versuche ergibt bei fast allen Gebirgskörpern im Prinzip ein gleiches schematisches Bild (Abb. 2). Die bei einem Belastungsversuch ABC mit anschließender Entlastung CDE (Abb. 2) eintretende Verformung ε läßt sich rein phänomenologisch in drei Teile aufgliedern: $\varepsilon_1 = C' D'$ ($\cong A' B'$) tritt bei Belastung momentan auf und wird bei Entlastung auch momentan wiedergewonnen.

$\varepsilon_2 = D' E'$ stellt sich bei konstanter Belastung mit der Zeit ($t = t_a$) verzögert ein und wird auch erst nach gewisser Zeit voll zurückgewonnen.

$\varepsilon_3 = E' A'$ ist die Restverformung, die auch bei langandauernder Entlastung ($t = t\,\infty$) nicht rückgängig gemacht wird (Abb. 2b).

Eine solche Abhängigkeit der Verformung von der Zeit läßt sich durch verschiedene Kombinationen der rheologischen Grundkörper (Hookesche, Newtonsche, St. Venantsche Körper) darstellen. Für verschiedene Gebirgsarten sind auch in der Literatur verschiedene Stoffgesetze benutzt worden. Einige Beispiele, ohne Anspruch auf Vollständigkeit, sind in Tab. 3 zusammengestellt. Zur weiteren Diskussion soll jedoch ein etwas allgemeineres Stoffgesetz, das für den einaxialen Belastungszustand folgendermaßen lautet [Gl. (1)] (Langer, 1968c) zugrunde gelegt werden.

$$\varepsilon(t) = \frac{\sigma_c}{E} + \sigma_c \left[\sum_{i=1}^{n} \frac{1}{S_i} \left(1 - e^{\frac{-S_i}{\eta_i} t} \right) \right] + \frac{\sigma_c}{\eta_{pl}} t \qquad (1)$$

$$= \varepsilon_1 + \qquad \varepsilon_2 \qquad + \varepsilon_3$$

mit ε = Verformung (Dehnung),
σ_c = Belastung,
t = Zeit,
$E, S_i, \eta_i, \eta_{pl}$ = Stoffkonstante.

Tabelle 3. Beispiele für rheologische Stoffgleichungen verschiedener Gesteinsarten (Auswahl aus der Literatur)
Examples of rheological material equations for different rock types (selection from literature)
Exemples d'équations d'état pour divers types de roches (extraints de la bibliographie)

Lfd. Nr.	Gesteinsarten	Modellkörper	Rheologischer Typ	Vorgeschlagen von	Literaturstelle
1	Kompakter Fels	H (Hooke)	elastisch	z. B. Obert/Duvall	Rock Mechanics, N. Y., 1967
2	Gesteine (allgemein)	$H/N = K$ (Kelvin)	visko-elastisch	Salustowicz	1. Int. Gebirgsdrucktagung, Leipzig 1958
3	Gesteine in sehr großen Tiefen	$H - N = M$ (Maxwell)	visko-elastisch		Arch. Gorn., Warschau 1958
4	Gesteine unter kurzzeitiger Belastung	$H - K$	visko-elastisch	Nakamura	Sci. Rep. Tok. Univ. 5, 1, 1949
5	Sandstein, Kalkstein u. a.	$H/M = PTh$ (Poynting-Thomson)	visko-elastisch	Ruppenheit/Libermann	Einf. i. d. Gebirgsmech., 1960
6	Schieferton u. ä.	$M - K = Bu$ (Burgers)	visko-elastisch		
7	verschiedene Kohlen	modifiz. Burgers	visko-elastisch	Hardy	3. Symp. Rock Mech., Golden 1959
8	Gesteine (allgemein)	X-Körper (allgemeinster Körper mit linearem Stoffgesetz 1. Ordnung)	visko-elastisch	Buchheim	Geol. u. Bauwesen, 26, 4, 1961
9	Dolomit, Tonschiefer, Anhydrit u. a.	$H - \sum_{i=1}^{n} K_i$	visko-elastisch	Langer	1. Int. Congr. Rock Mech., Lissabon 1966
10	Tone, fest	$N/M = J$ (Jeffreys)	visko-elastisch		Geol. Jahrbuch, 79, 1961
11	Tone, weich	$H - (N/StV) = B$ (Bingham)	visko-plastisch	Bingham	U. S. Bur. Stand. Bull. 13, 1916
12	Tone, Letten	$H - (StV/K)$	elasto-visko-plastisch	Murayama/Shibata	Iutam, Symp. Grenoble, 1964
13	Karbongestein, Steinsalz	$(H - StV)/N$	elasto-visko-plastisch	v. Loonen, Höfer	6. Ländertreffen Geb.-Mech. Leipzig 1964
14	Gesteine unter fließend-plastischen Strukturveränderungen (z. B. weiche Tone)	$(StV/N) - (O/N^*)$	visko-plastisch	Langer	Geol. Jahrbuch, 79, 1961

Die Diskussion dieser Stoffgleichung für einige Grenzfälle liefert einige aufschlußreiche Ergebnisse:

Für

$$t_0 = t \to 0$$

also für sehr kurze Belastungszeiten, wie sie etwa bei dynamischen Beanspruchungen auftreten, folgt

$$\varepsilon_2 = \varepsilon_3 = 0 \quad \text{und} \quad \varepsilon(t_0) = \varepsilon_1 = \frac{1}{E} \cdot \sigma_c$$

d. h. wir haben nur reversible, rein elastische Verformungen; E ist der bekannte Elastizitätsmodul.

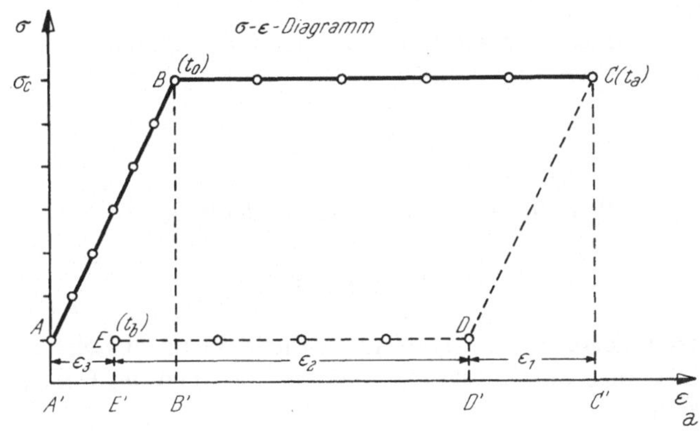

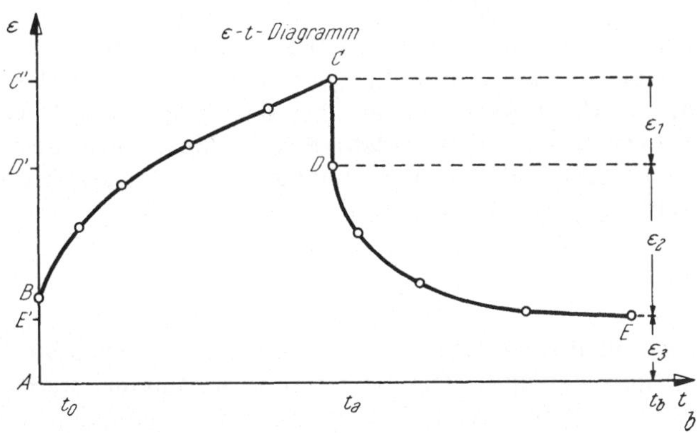

Abb. 2. Rheologische Verformung von Gebirgskörpern (Prinzipskizze)
a) Spannungs-Dehnungs-Diagramm; b) Dehnungs-Zeit-Diagramm

Rheological deformation of rock (diagrammatic sketch)
(a) stress-strain-diagram; (b) strain-time-diagram

Déformation rhéologique du massif rocheux (schéma principe)
(a) graphique contrainte-déformation; (b) graphique déformation-temps

Für

$$t_\infty = t \to \infty$$

also für sehr lange Belastungen, wie sie etwa in geologischen Zeiträumen verwirklicht sind, folgt

$$\varepsilon_1 + \varepsilon_2 = \text{const} \ll \varepsilon_3 \text{ und } \varepsilon_3 (t_\infty) = \frac{1}{\eta_{pl}} \cdot \sigma_c \cdot t_\infty \to \infty$$

d. h. es treten im wesentlichen nur irreversible, also plastische Verformungen auf, die so groß werden, daß die elastischen Verformungen vernachlässigbar sind; $\frac{1}{\eta_{pl}}$ ist dabei ein Maß für die Größe der plastischen Verformung (Langer, 1961).

Die bisherigen Folgerungen gelten unabhängig von der Größe der Stoffkonstanten E, S_i, η_i, η_{pl}.

Den Felsmechaniker interessieren vor allem die Zeiten t_a, die zwischen den angegebenen Grenzwerten liegen, also

$$t = t_a \; (t_0 \ll t_a \ll t_\infty).$$

Hier sind vor allem folgende Fälle von Bedeutung:

a)
$$\varepsilon_3 \ll \varepsilon_1 + \varepsilon_2$$

d. h. die plastische Verformung ist als hinreichend klein zu betrachten. Dann stellt $\varepsilon\,(t)$ ein viskoelastisches Stoffgesetz dar, das das Kriechen des Gebirgskörpers kennzeichnet, und es folgt

$$\varepsilon\,(t_a) = \frac{\sigma_c}{E} + \frac{\sigma_c}{S} = \frac{\sigma_c}{V} \tag{2}$$

$$[\text{mit } S = f\,(S_i, \eta_i, t_a)].$$

Es wird deutlich, daß auch in diesem Falle (wenn z. B. die Verformung eines Stollens zu einem bestimmten Zeitpunkt t_a bestimmt werden soll) mit einem elastischen Stoffgesetz gerechnet werden kann, bei dem jedoch der Elastizitätsmodul E durch einen Verformungsmodul V entsprechend obiger Gleichung ersetzt werden muß. Daraus ergibt sich, daß die Verformung auch bei größeren Zeiten t_a einem Grenzwert zustrebt.

b)
$$\varepsilon_3 \gg \varepsilon_1 + \varepsilon_2$$

d. h. die plastische, bleibende Verformung überwiegt die reversible Verformung bereits bei vernünftigen Zeiten t_a. Die Verformung kommt bei wachsenden Zeiten t_a nicht zum Stillstand, sondern wächst stetig. Sie ist im einfachsten Falle mit Hilfe des Fließgesetzes

$$\varepsilon\,(t_a) = \frac{1}{\eta_{pl}} \cdot \sigma_c \cdot t_a \tag{3}$$

zu erfassen. Bei Gebirgskörpern (auch Salzgesteinen) ist jedoch stets eine Fließgrenze σ_{Fl} vorhanden, die erst überwunden werden muß, ehe Fließen eintritt. Das Fließgesetz (3) gilt also nur für $\sigma_c = \sigma - \sigma_{Fl} > 0$ und wird dann nach Bingham benannt.

2.2 Strukturrheologische Betrachtungsweise

Die bisher erfolgte rein phänomenologische Betrachtung des rheologischen Verhaltens von Gebirgskörpern soll durch einige strukturrheologische Bemerkungen ergänzt werden.

Die Frage lautet also nun, welche Verformungen die einzelnen Strukturelemente des Gebirgskörpers relativ zueinander erfahren müssen, damit elastische oder plastische Verformung entsteht. Als Strukturelemente (Formelemente der Gefügekunde) werden diejenigen Elemente eines Körpers bezeichnet, durch die für eine bestimmte Größenordnung (Bereich) des Körpers dessen Struktur (Gefüge) gekennzeichnet werden kann. Einige Beispiele sind in der Tab. 4 aufgeführt.

Tabelle 4. Zusammenhang zwischen Bereich, Strukturelementgröße und Verformungsmechanismus von Gesteinen

Relation between the range, size of structural element and deformation mechanism of rocks

Relation entre le domaine d'influence, l'échelle des éléments structuraux et le processes de déformation des roches

Bereich	Größe	Strukturelemente	Beispiele	Mechanismus der Verformung	
				elastisch	plastisch
Kristall	μ	Atom/Molekül (Gitterebene)	Spaltfläche, Gleitfläche	Verzerrung des Kristallgitters (Wärmeschwingung)	translative Gleitung auf Gleitflächen, Wanderung von Versetzungen
Handstück, Bohrkern	cm	Mineralkorn (Kornaggregate)	Absonderungsfläche	Verzerrung des Mineralkornes (Hertzsches Modell)	translatives Gleiten an Absonderungsflächen oder Kristallgleitflächen, Rotation der Mineralkörner
Gebirgskörper	m	Trennflächen (Kluftkörper)	Schieferungs-, Schichtfläche, Kluft	Verzerrung des Kluftkörpers	Verschiebung und Umorientierung von Kluftkörpern an Trennflächen, Vergrößern von Klüften
Geologischer Körper	km	Stratigraph. u. tektonische Einheiten	Faltungs-, Scherungsachse, Störungszone	—	Faltenbildung, Überschiebungen etc.

Eine ausführliche Diskussion solcher strukturrheologischer Fragen würde den Rahmen des Vortrages sprengen. Es soll lediglich ein Licht auf die Besonderheiten des Verformungsmechanismus der Gebirgskörper im Gegensatz zu üblichen Werkstoffen geworfen werden. Wenn also die nachfolgende Erörterung etwas schematisch ausfällt, bitte ich insbesondere die Gefügekundler um Entschuldigung.

Als Diskussionsgrundlage diene die bereits erwähnte Tabelle.

Der physikalische Mechanismus der elastischen Deformation eines Kristalles kann durch eine Verzerrung des Kristallgitters erklärt werden, derart, daß eine relativ unbedeutende Verschiebung der Zentren der Wärmeschwingung („Atome") aus dem Gleichgewicht erfolgt. Ist die angelegte Kraft so groß, daß die Schwingungszentren um einen ganzen Gitterabstand verschoben werden können, führt dies zur plastischen Deformation, die kontinuumsmechanisch als translatives Gleiten auf vor-

Tabelle 5. Rheologische Kennziffern für Salzgesteine
Rheological coefficient of rock salt
Coefficients rhéologiques de roches salines

Gesteins-körper	Bearbeiter	Methode	Maxwell-viskos. η_{pl} in kp sec · cm^{-2}	Kelvin-viskos. η_k in kp sec · cm^{-2}	Retarda-tionszeit T_{ret}	Belastungs-zeit t_B	Harmoni-sierungs-faktor h	für t_B 50 Jahre	
								T_{ret} in Jahren	η_k in kp sec · cm^{-2}
Carnalit	Langer	A	—	1,5	$2 \cdot 10^{-5}$ sec	$2{,}5 \cdot 10^{-4}$ sec	12,5	4	$1{,}9 \cdot 10^{13}$
Carnalit	Döring u. a., 1965	C	$2{,}4 \cdot 10^{7}$	$1{,}4 \cdot 10^{7}$	1 min	10 min	10	5	$3{,}7 \cdot 10^{13}$
Hartsalz	Höfer, 1958 n. Schuppe, 1961	E		$1{,}4 \cdot 10^{12}$	140 Tage	911 Tage	6,5	7,7	$2{,}8 \cdot 10^{13}$
Gips/Anhydrit	Langer	A	—	10	$4 \cdot 10^{-5}$ sec	$3{,}1 \cdot 10^{-4}$ sec	7,8	6,4	$5 \cdot 10^{13}$
Gips/Anhydrit	Langer	D	$1 \cdot 10^{12}$	$4 \cdot 10^{7}$	8 min	60 min	7,5	6,7	$1{,}7 \cdot 10^{13}$
				$1 \cdot 10^{12}$	3 Tage	20 Tage	6,7	7,5	$1{,}0 \cdot 10^{13}$

gegebenen Kristallgitterebenen (Gleitflächen), strukturell als Wandern von Kristallgitterstörungen („Versetzungen") gedeutet werden kann.

Im Gesteinshandstück ersetzt das einzelne Mineralkorn das Gitterteilchen und elastische Verformung ergibt sich als eine Verzerrung des Mineralkorngerüstes, ohne daß dabei die einzelnen Minerale aus ihrer stabilen Lage gerückt werden. Plastische Deformation ist hier nicht nur durch translatives Gleiten entlang der Kristallgleitflächen oder Absonderungsflächen, sondern auch durch Rotation nicht kugelförmiger Mineralkörper (oder auch Kristallwachstum) möglich.

Der hier interessierende Bereich des Gebirgskörpers wird von Kluftkörpern, begrenzt durch Trennflächen, aufgebaut. Elastische Verformung kann sich hier nur als reversible Verzerrung der einzelnen Kluftkörper einstellen, wobei die Lage der einzelnen Kluftkörper relativ zueinander nicht verändert wird.

Plastische Deformation hingegen ist möglich durch Verschieben der Kluftkörper an den Trennflächen, durch Orientierungsänderung (Drehung) der Kluftkörper, durch Vergrößern von vorhandenen Klüften.

Das viskoelastische [Nachelastizität, ε_2 in Gl. (1)] Verhalten kann aus der Mehrphasigkeit des Kluftkörpersystems in dem Sinne gedeutet werden, daß neue Gleichgewichtslagen der Kluftkörper nur verzögert erreicht werden, da im Zuge der Gesamtverformung Trennflächen unterschiedlicher Größe und verschiedenen Energieinhaltes wirksam werden.

Im geologisch-tektonischen Bereich ist elastische Deformation nicht beobachtbar, da sich die Formelemente selbst erst aus der plastischen, d. h. bleibenden und damit beobachtbaren Deformation ergeben.

Es wird deutlich, daß die guterforschte Elastizität und Plastizität der Kristalle ihr strukturelles Analogon im Gebirgskörper haben, wobei die angesprochenen Strukturelemente entsprechend der Dimension des Bereiches vergrößert sind. (Dies gilt auch für kleine Rotationen der Kluftkörper, die ihr Analogon in den Strukturkrümmungen der Kristalle finden.)

3. Rheologische Probleme im Felsbau

Als rheologische Probleme im Felsbau könnte man solche Probleme kennzeichnen, zu deren Lösung eine Betrachtung der Zeitabhängigkeit der Verformung wesentlich beiträgt bzw. bei denen Stoffgesetze der Art, wie in Gl. (1) beschrieben, berücksichtigt werden müssen. Einige Beispiele für solche Probleme sind vom Autor bereits ausführlich behandelt worden (Langer, 1968a und b), so daß hier nur kurz über ein Beispiel aus dem Salzbergbau referiert werden soll.

Es ist bekannt, daß im Salzgebirge bei langandauernden Belastungen Fließerscheinungen bzw. Kriechverformungen auftreten, wodurch die Pfeiler trotz gleichbleibender Belastung allmählich ihre Stützkraft verlieren und schließlich zu Bruch gehen können. Sicherlich ist dieser Effekt — wenn auch nicht in diesem Maße — auch bei anderen Gebirgsverhältnissen beobachtbar, wenn z. B. die Ausbaubelastung von Kavernen oder Tunneln mit der Zeit stetig zunimmt. Die Erforschung der Gesetzmäßigkeiten solcher zeitabhängiger Verformungen, die Entwicklung von Methoden zu ihrer Messung und Vorausbestimmung und die sich daraus ergebende richtige Dimensionierung von Pfeilerstärken und Streckenabständen sind von größter Bedeutung für den Bergbau und für ein wirtschaftliches und sicheres Bauen im Fels.

Nach einer Formel von F. Schuppe (1961) ist die Standdauer im wesentlichen vom Faktor $\frac{\eta}{G}$ also der Retardationszeit T_{ret} der Kriechverformung des Gebirges abhängig (η = Kelvinviskosität, G = Schubmodul). Wenn es gelänge, $T_{\text{ret}} = \frac{\eta}{G}$ exakt zu bestimmen, wäre ein wesentlicher Schritt für die Beurteilung der Stabilität des Gebirges getan.

Die Bestimmung der Retardationszeit für Standdauer von mehreren Jahrzehnten ist versuchstechnisch sicherlich nicht möglich, da Versuchszeiten dieses Ausmaßes praktisch nicht erreicht werden können. Die Frage ist, ob die Retardationszeit, die für eine kürzere Belastungszeit bestimmt worden ist, in die Berechnung für längere Belastungszeiten eingeführt werden kann.

Die nach verschiedenen Meßmethoden bestimmten Werte der Retardationszeiten von Gesteinen unterscheiden sich je nach der angewandten Belastungszeit um viele Zehnerpotenzen. Die Begründung dafür liefert das rheologische Stoffgesetz (1), da die hintereinandergeschalteten Kelvin-Körper zu verschiedenen Zeiten mit unterschiedlicher Retardationszeit wirksam werden.

Durch Einführung des sogenannten Harmonisierungsfaktors (Langer, 1968 b) ist es jedoch möglich, die Retardationszeit des Gebirges, die sich bei einer Belastungsdauer von mehreren Jahrzehnten einstellt, aus Retardationszeiten, die für einen wesentlich kürzeren Zeitraum bestimmt sind, zu extrapolieren.

In der Tab. 5 ist eine solche Extrapolation für verschiedene Salzgebirge durchgeführt. Danach wird die vermutete Tatsache (z. B. Schuppe, 1961), daß für sehr lange Standzeiten eine höhere Kelvinviskosität und damit Retardationszeit, als sie aus Messungen bestimmt werden kann, bestätigt und findet damit ihre Begründung.

Literatur

Buchheim, W.: Zur Berücksichtigung der Zeitabhängigkeit in der Theorie des mechanischen Verhaltens von Gesteinsmassen. Geologie und Bauwesen *26,* 4 (1961), S. 218—233.

Habetha, E. und M. Langer: Der Einfluß des geologischen Aufbaus des Untergrundes auf Druckwellenausbreitung und Bauwerkserschütterungen. VDI-Bericht Nr. 113 (1967), S. 89—93.

Langer, M.: Zur Theorie der Deformationsvorgänge in Tonen. Geol. Jb. *79* (1961), S. 1—22.

Langer, M. Kennzeichnung des Druck-Deformationsverhaltens von Gebirgskörpern. In: Untertagebau der Bundeswehr II, Bonn (1965), S. 158—189.

Langer, M.: Grundlagen einer theoretischen Gebirgskörpermechanik. Proc. I. Int. Congr. Rock Meachnics, Lissabon, Bd. 1 (1966), S. 277—282.

Langer, M.: Felsdynamische Untersuchungen für das geplante Pumpspeicherwerk Schleicherberg. In: Exkursionsführer A der Frühjahrstagung der Dt. Geol. Ges. in Trier (1967), S. 7—34.

Langer, M.: Rheologische Probleme im Felsbau. Z. Dt. Geol. Ges. *119,* Teil 1 (1968 a), in Druck.

Langer, M.: Berechnung der Spannungsverteilung und Verschiebung um zylindrische Hohlräume im rheologischen Halbraum. In: Untertagebau der Bundeswehr III, Bonn (1968 b), in Druck.

Langer, M.: Sind Elastizität und Plastizität brauchbare Begriffe für den Felshohlbau. In: Untertagebau der Bundeswehr III, Bonn (1968 c), im Druck.

Leipholz, H.: Grundlagen der Rheologie, in diesem Heft.

Litwiniszyn, J.: Die Mechanik diskontinuierlicher Medien und ihre Anwendung in der Felsmechanik. Felsmechanik und Ingenieurgeologie *1,* 3—4 (1963), S. 186—205.

Müller, L.: Der Felsbau I. Stuttgart 1963, 624 S.

Schuppe, F.: Zur Standfestigkeit von Bergfesten im Salzbergbau. Bergakademie *13,* 2 (1961), S. 59—62.

Anschrift des Verfassers: Wiss. Rat Dr. Michael Langer, Bundesanstalt für Bodenforschung, 3 Hannover-Buchholz, Sven-Hedin-Straße 20.

Felsmechanik u. Ingenieurgeol., Suppl. V, 21—32 (1969)

Rheologie und Felsmechanik aus geologischer Sicht

Von

Ulf Zischinsky, Wien

Mit 2 Textabbildungen

(Eingegangen am 7. Juni 1968)

Zusammenfassung — Summary — Résumé

Rheologie und Felsmechanik aus geologischer Sicht. 1. Voraussetzung der Diskussion über Rheologie und Felsmechanik ist die Frage, ob die kontinuumsmechanische Betrachtung in der Felsmechanik überhaupt zulässig ist. Das ist dann der Fall, wenn die Diskontinuitäten unter der Beobachtungsgenauigkeit der untersuchten Größenordnung liegen.

2. Der Begriff „Fließen" wird von der Gefügekunde und der Physik zunächst unabhängig voneinander und ganz verschieden definiert. Es läßt sich aber zeigen, daß diese beiden Begriffe bei der Anwendung auf reale Körper weitgehend dasselbe aussagen.

3. Es werden die verschiedenen Möglichkeiten gezeigt, die die Strukturgeologie hat, um bei der Formulierung einer vernünftigen Hypothese über das Materialgesetz und die Anisotropie für einen konkreten Fall mitzuwirken.

4. Die derzeitige Verwendung der Begriffe Festigkeit, Versagen, Bruch ist nicht befriedigend. Die ganze Frage der „Bruchbedingungen" sollte neu formuliert und diskutiert werden.

Rheologie and Rock Mechanics: The Geological Point of View. 1. The application of rheology in rock mechanics assumes that the model of continuity is applicable to rock masses. In fact this may be assumed only in those situations where the accuracy of observation on a certain scale is such that the discontinuities are not visible on that scale.

2. The term "flow" has been defined independently by physicists and by structural petrologists in two distinct different ways. It can be shown, however, that in application to real materials the two definitions have almost the same meaning.

3. There are several ways in which the structural geologist may develop reasonable hypotheses with regard to the constitutive equation of a certain material.

4. The terms strength, failure and fracture as currently used are unsatisfactory. The problem of fracture ought to be completely reanalysed.

La rhéologie et la méchanique des roches du point de vue géologique. 1. Pour savoir si l'on peut étendre la rhéologie à la mécanique des roches il faut examiner si le modèle continu est applicable aux roches. Ceci est le cas lorsque les discontinuités sont à une échelle plus petite que la précision des observations.

2. La notion de "fluage" est définie différemment et indépendamment par la "Gefügekunde" et la physique. On peut cependant prouver que ces deux notions, lorsqu'elles s'appliquent aux corps réels, ont presque le même sens.

3. Ensuite on montre les possibilités diverses qu'a la géologie structurale pour contribuer á formuler — suivant le cas — une hypothèse convenable sur l'équation de déformation et l'anisotropie.

4. L'utilisation actuelle des notions de résistance et de rupture n'est pas satisfaisante. L'ensemble du problème de la rupture doit être repris et discuté à nouveau.

Einleitung

Die Geologie ist eine historische Wissenschaft. Ihr Objekt ist das *Werden* der Gebirgskörper. Soferne wir an eine mechanische Betrachtung dieser Vorgänge überhaupt denken können, ist daher die Möglichkeit einer Beschreibung in der Zeit wesentlich. Eine zeitunabhängige Betrachtung ist nur in Ausnahmefällen zweckmäßig, zum Beispiel bei der pauschalen Kalkulation des Ergebnisses einer Entwicklung. Und nur in diesen Ausnahmefällen können wir Theorien der klassischen Mechanik anwenden. Wir haben dann aber in jedem einzelnen Fall genau zu prüfen und zu begründen, ob bzw. warum die extrem vereinfachenden Annahmen dieser Modelle in diesem Fall ausreichen. Andernfalls bedeutet die Anwendung der klassischen Theorien eine Vergewaltigung der Natur.

Das ist zum Beispiel dann der Fall, wenn die bekanntermaßen über lange Zeit sich erstreckenden Kriechvorgänge im Vajonttal (Müller, 1964) in manchen Arbeiten mit Hilfe von Gleitkreisüberlegungen nach der Theorie der starren oder der elastischen Körper behandelt werden, ohne daß das Wort Zeit überhaupt vorkommt und ohne daß die nachgewiesen großen internen Deformationen überhaupt erwähnt werden (siehe auch Müller, 1968) und dieses Vorgehen begründet wird.

Was kann nun umgekehrt die Geologie und vor allem die Strukturgeologie in der Formulierung der Sanderschen Gefügekunde (Sander, 1948) zum Thema „Rheologie und Felsmechanik" beitragen? Wir kommen da zu dem Ergebnis, daß sie grundsätzlich wichtige Aussagen liefert über die Grenzen der Anwendbarkeit des Kontinuumskonzeptes und speziell auch der Rheologie; das heißt über die Probleme: Grenze Kontinuum — Diskontinuum, bruchlose Verformung im allgemeinen — fließende Verformung im speziellen und Bruch des Kontinuums.

Dagegen haben wir, zumindest derzeit, keine theoretisch einwandfreien Möglichkeiten, bei der Bestimmung konkreter Materialgesetze mitzuarbeiten. Aber die Hilfs- und Ersatzmethoden, die die Geologie auch für diese Fragen bietet, sind immerhin so bedeutend, daß die praktische Anwendung der Mechanik im Felsbau ohne sie nicht möglich ist. Ähnliches gilt auch für die Frage der Anisotropie.

Kontinuumskonzept

Über die Frage der grundsätzlichen Anwendbarkeit des Kontinuumskonzeptes im Bereich des Realen und speziell in der Geomechanik habe ich bereits ausführlich berichtet (Zischinsky, 1967). Ich kann mich daher auf die Darstellung der Grundgedanken beschränken:

Daß die Materie bei genügend genauer Betrachtung diskontinuierlich aufgebaut ist, ist bekannt. Trotz der Existenz von Atomen, Molekülen und Kristallgittern ist aber die Kontinuumsmechanik in ihrer angewandten Form der technischen Mechanik der für unser tägliches Leben immer noch entscheidendste Teil der ganzen Physik.

So werden auch in der Bodenmechanik kontinuumsmechanische Theorien mit Erfolg verwendet, obwohl der diskontinuierliche Aufbau zum Beispiel eines Sandes ganz ohne jedes Gerät nachzuweisen ist. Im Fels unterscheiden sich die einzelnen Kluftkörper von den Körnern eines Sandes lediglich in Größe und Form. Es liegt also der Schluß nahe, daß auch hier die kontinuumsmechanische Behandlung zulässig ist. Und das ist unter bestimmten Voraussetzungen tatsächlich der Fall. Dazu folgendes Beispiel, bei dessen Darstellung ich allerdings den Lösungsumsatz vernachlässige, was in unserem Zusammenhang aber sicherlich zulässig ist:

Wer je in der Natur oder auch nur in einer der zahlreichen Abbildungen in der Literatur (z. B. Haefeli, 1954; Holmes, 1965; Kettner, 1960) eine Gletscherzunge gesehen hat, vor allem die eines zusammengesetzten Gletschers, der versteht die Bezeichnung „Eis*strom*". Das Bewegungsbild ist das eines kontinuierlich fließenden Materials und die interne Deformation des Eises kann in der Regel auch tatsächlich mit Formeln der Rheologie beschrieben werden. (Haefeli, 1961; Körner, 1964). Aber sehen wir uns dieses unzweifelhafte Strömen einmal genauer an: An der Bewegung dieses im gesamten gesehen fließenden Körpers sind bei Betrachtung in einem genaueren Maßstab unzählige Diskontinuitäten mitbeteiligt: die Gletscherspalten in ihren verschiedenen Formen und Größen. Diesen Befund können wir auch folgendermaßen ausdrücken:

Die Bewegung des Gletschers ist bei Betrachtung einer entsprechenden Größenordnung von vielleicht einigen hundert Metern als kontinuierlich zu beschreiben. Gehen wir aber in eine kleinere Größenordnung, etwa von 10 Metern, so ist sie zu beschreiben als Nebeneinander von kontinuierlicher und diskontinuierlicher Deformation. Und wenn wir eine noch kleinere Größenordnung betrachten, die des Kristallgitters, dann löst sich auch noch die in der Größenordnung 10 m kontinuierliche Bewegung auf in ein Zergleiten von Kristallamellen, in ein Wandern von Versetzungslinien.

Diese Beobachtungstatsache zeigt, daß es nicht gerechtfertigt ist, eine absolute Grenze zwischen Kontinuum und Diskontinuum zu ziehen. Denn wir sehen, daß erstens jedes Kontinuum bei genügend genauer Betrachtung sich auflöst in ein Diskontinuum und daß zweitens aber genausogut die umgekehrte Feststellung gilt: Jedes Diskontinuum kann bei genügend grober Betrachtungsweise als kontinuierlich beschrieben werden. Und das ist sehr oft sinnvoll. Zum Beispiel dann, wenn wir berechnen wollen, wann der Strom eines vordringenden Gletschers einen Stausee oder ein Dorf erreicht. In diesem Fall ist es uns ja ziemlich gleichgültig, ob er das mit oder ohne Spalten tut; entscheidend ist sein Verhalten im ganzen.

Es hängt also lediglich ab vom Zweck einer Untersuchung, ob in einem konkreten Fall das Kontinuum oder das Diskontinuum das bessere Modell der Wirklichkeit liefert; denn der Zweck bestimmt die Größenordnung, in der wir ein Objekt untersuchen müssen. Und in jeder einzelnen Größenordnung können wir dann angeben, wo die Grenze zwischen Kontinuum und Diskontinuum liegt. Für die Felsmechanik werden wir dabei mit der Regel auskommen, daß in einer Größenordnung das Kontinuumsmodell solange anwendbar ist, solange die Diskontinuitäten unter der Beobachtungsgenauigkeit liegen und umgekehrt, daß in einer Größenordnung das Modell des Diskontinuums anzuwenden ist, sobald die Diskontinuitäten in dieser Größenordnung sichtbar sind.

Ich sehe keinen Grund, daß diese Relation nur innerhalb eines bestimmten Bereiches der Längenskala gültig sein sollte: daß das Auflösungsvermögen des menschlichen Auges eine absolute Grenze zwischen den beiden Modellen zieht.

Die Anwendung der Kontinuumsmechanik auf dieser Grundlage wird aber noch dadurch erschwert, daß im allgemeinen in jedem Körper Diskontinuitäten der verschiedensten Größenordnungen liegen. Grundsätzlich haben wir daher in jeder einzelnen Größenordnung mit einer anderen Kombination der Dikontinuitäten und damit jedesmal mit einem anderen Material, mit anderen Eigenschaften zu rechnen. Im besonders einfachen Fall des Gletschers zum Beispiel sind nur zwei Diskontinuitäten wesentlich: Die Gleitebenen des Gitters und die Gletscherspalten. Die Verformungseigenschaften der Eisbrücke zwischen den Spalten sind daher zumindest theoretisch zu unterscheiden von denen des Gesamtgletschers: Im Fließen des Gesamtgletschers ist neben der kontinuierlichen Deformation der Brücken auch noch die diskontinuierliche Deformation an den Spalten enthalten. Oder auch: das Fließen des Gesamtgletschers resultiert aus diskontinuierlichen Bewegungen in den beiden Größenordnungen (Å) und (10 m). Praktisch wird sich dieser Unterschied beim

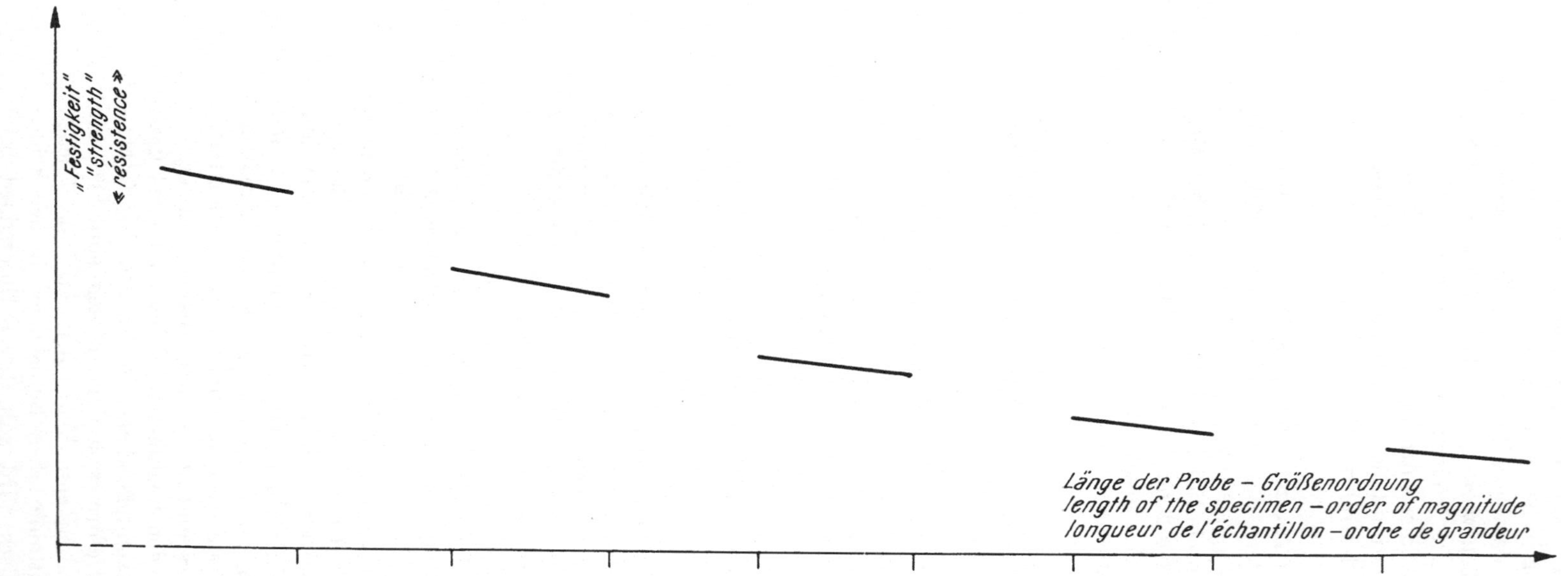

„Festigkeit" "strength" « résistence »

Länge der Probe – Größenordnung
length of the specimen – order of magnitude
longueur de l'échantillon – ordre de grandeur

	Kristall-lamelle	Auftreten von Gleitebenen	Einkristall	Auftreten von Korngrenzen	Gestein	Auftreten von eng gescharten Klüften	Fels „1"	Auftreten von weiter gescharten Klüften	Fels „2"
Mechanisches Modell	Kontinuum	Dis-kontinuum	Kontinuum	Dis-kontinuum	Kontinuum	Dis-kontinuum	Kontinuum	Dis-kontinuum	Kontinuum
Materialgesetz	I		II		III		IV		V
	lamella of crystal	appearance of sliding planes	monocrystal	appearance of grain borders	rock	appearance of close jointing	rock mass "1"	appearance of more spacious joints	rock mass "2"
mechanical model	continuum	dis-continuum	continuum	dis-continuum	continuum	dis-continuum	continuum	dis-continuum	continuum
law of material	I		II		III		IV		V
	lamelle de cristal	apparition des plans de glissement	monocristal	apparition des confins des grains	roche	apparition de fissuration fine	rocher "1"	apparition de fissures plus distantes	rocher "2"
modèle mécanique	continuum	dis-continuum	continuum	dis-continuum	continuum	dis-continuum	continuum	dis-continuum	continuum
loi des matériaux	I		II		III		IV		V

Abb. 1. Gültigkeitsgrenzen von Materialgesetzen
Valability limits of laws of material (constitutive equations)

Gletscher allerdings nicht sonderlich auswirken, weil die Spalten nur in einem kleinen Bereich des Gesamtkörpers entwickelt sind.

Im Falle des Gebirges sind in aller Regel wesentlich mehr Scharen von Trennflächen wirksam. Müller (1967) hat dieses Problem besonders anschaulich etwa wie in Abb. 1 dargestellt.

Wenn wir immer größere Stücke der Materie betrachten, so kommen in gewissen Abständen immer neue Typen von Diskontinuitätsflächen hinzu. Die Kristallamelle wird begrenzt von den Gleitebenen des Gitters, der Kristall selbst von den Korngrenzen, das Gestein von Kleinklüften und die verschiedenen Fels-Arten von weiteren Kluftscharen, die immer größere Normalabstände haben. In den Größenordnungsbereichen, in denen die Fugen der nächst kleineren Schar bereits so zahlreich auftreten, daß sie eine statistische Mittelung erlauben, können wir das Kontinuumskonzept verwenden. Aber in jedem einzelnen dieser Bereiche kontinuierlicher Größenordnungen haben wir ein völlig anderes Materialgesetz zu erwarten. Dabei werden wegen der zunehmenden Zahl der Trennflächen die „Festigkeiten" abnehmen. In den Größenordnungsbereichen, in denen eine solche statistische Mittelung nicht möglich ist, verwenden wir besser die Gesetze des Diskontinuums. Und dazwischen wird es Bereiche von Größenordnungen geben, in denen keines der beiden Modelle für sich alleine ausreicht, sondern eine geeignete Kombination gefunden werden muß (vgl. Buchheim, 1961, S. 220). In solchen Größenordnungen ist zum Beispiel auch die Anwendung des Begriffes „Bruchfließen" (im Sinne von Müller, 1948, 1960). sinnvoll.

Die hier abgeleiteten Gedanken stellen eine Erweiterung unserer bisherigen Vorstellungen von Kontinuum und Diskontinuum dar, wie sie sich aus einer beschreibenden Behandlung der Phänomene anbietet. Nun gibt es aber die mathematischen Kontinuumstheorien, deren Anwendung auf die bisher untersuchten Fälle möglich und üblich war. Damit unser Vorgehen sinnvoll ist, muß diese Anwendung der mathematischen Theorie auch nach unserer Erweiterung möglich sein. Ich habe daher versucht, unser Konzept mit den Aussagen der mathematischen Kontinuumstheorie zu vergleichen.

Dabei stellte sich heraus, daß die Vertreter der modernen Theoretischen Mechanik gegen genau dieselben in der Technischen Mechanik eingebürgerten Geglaubtheiten ankämpfen wie die Geologen. Das sind in erster Linie die Vorstellungen vom Kontinuum selbst, die Gleichsetzung der linearen Theorien mit der Kontinuumsmechanik schlechthin und daraus folgend die Anwendung dieser klassischen Theorien auf *jede* Erscheinung in der Natur, ohne eine entsprechende Kontrolle der Zulässigkeit. Besonders Truesdell und Toupin (1960) und Truesdell und Noll (1965) stellen die Grundsätze der Kontinuumsmechanik als ein jedem Laien verständliches und offensichtlich nicht nur für die genormten Materalien der Technik brauchbares Konzept dar, dessen einzige Schwierigkeit es ist, daß seine konkrete Formulierung in der Sprache der Mathematik erfolgen muß. Sie bieten mit ihrer Kontinuumsmechanik, wie sie selbst ausdrücklich sagen, lediglich ein Modell eines Teilaspektes der Natur, dessen Anwendbarkeit auf reale Fälle grundsätzlich in jedem einzelnen Fall neu durch das Experiment überprüft werden muß.

Diese Formulierungen ändern natürlich nichts an der Theorie. Aber sie erledigen einen großen Teil der Schwierigkeiten, auf die wir beim Aufbau einer neuen Richtung Geomechanik stoßen, als Scheinschwierigkeiten.

Synge (1960) bringt einen Vergleich, der frei übersetzt etwa lautet: „Wie sehr sie auch immer durch die Natur inspiriert sind, die mathematischen Theorien sind doch nicht mehr als Abbildungen oder Modelle der Natur. Ein ‚Teilchen' der natürlichen Welt (Planet, Atom, Elektron) dürfen wir genausowenig mit dem ‚Teilchen' gleichsetzen, durch das es in der dynamischen Theorie repräsentiert wird, wie wir eine Stadt mit dem Flecken Druckerschwärze gleichsetzen dürfen, durch den sie auf einer Landkarte dargestellt wird.“ Dieser Vergleich mit der Landkarte ist gerade für den Geologen sehr anschaulich und sagt eigentlich alles. Wir können ihn noch weiterführen. Genauso wie wir verschiedene Landkarten benötigen — die topographische und die geologische, die Generalstabskarte 1 : 200 000 und den technischen Plan 1 : 500, genauso benötigen wir auch verschiedene mechanische Theorien, um ein konkretes Problem adäquat behandeln zu können.

Und noch ein Zitat von Truesdell und Noll: „Die Kontinuumsphysik beschränkt sich auf die Beziehungen zwischen Groß-Phänomenen und betrachtet nicht die Struktur der Materie in einem kleineren Maßstab.“ Und zu dem Wort „Groß-Phänomen“ gibt es eine Fußnote: „statt ‚groß‘ wird oft das Wort ‚macro*scopisch*‘ verwendet. Das ist irreführend, denn der Maßstab der Phänomene hat nichts damit zu tun, ob sie gesehen werden können oder nicht.“ (!) Diese Bemerkung des theoretischen Mechanikers sagt nichts anderes aus, als ich oben als Geologe zu entwickeln suchte: Eine Beschränkung der Anwendbarkeit der Kontinuumsmechanik auf einen bestimmten Bereich der Längenskala ist nicht gerechtfertigt. Eine solche Beschränkung liegt nicht in der Theorie selbst begründet. Die mathematische Kontinuumstheorie läßt also unsere neuen Formulierungen ohne weiteres zu. Im Gegenteil, unsere bisherigen Vorstellungen vom Kontinuum stellen eine unbegründete Einschränkung der Allgemeinheit des mathematischen Modelles dar; verständlich zwar aus der Entwicklung unserer Wissenschaft aber jedenfalls unnötig. Über die Auseinandersetzung mit diesen Fragen im einzelnen habe ich bereits 1967 berichtet.

Fließen

Auch beim Wort „Fließen“ können wir eine ähnliche Erweiterung eines vorher unmittelbar anschaulichen, unproblematischen und wohl auch undefinierten Begriffes feststellen, wie wir das eben beim Kontinuumsbegriff sahen.

Was das Wort Fließen bedeutet, weiß zunächst jeder von uns. Die Erfahrung lehrte aber allmählich, daß bei genauerem Zusehen oder bei gewissen Betrachtungsweisen auch verschiedene andere Vorgänge „so aussehen wie Fließen“ und bei geeigneter Erweiterung des Begriffes tatsächlich als Fließen beschrieben werden können.

Eine solche Erweiterung wurde unabhängig von zwei verschiedenen Wissenschaften durchgeführt: von der Physik und von der Geologie beziehungsweise Gefügekunde. Dazu ist jede der beiden Wissenschaften genauso berechtigt wie die andere. Aber es wäre natürlich wünschenswert, wenn die von den beiden Wissenschaften unabhängig geprägten Begriffe den gleichen Inhalt hätten.

Sander (1948, S. 101) definiert: „Fließen ist kontinuierliche geordnete Relativbewegung, ausgeführt von (im Vergleich zum betrachteten Bereich) genügend kleinen Teilen, solange diese einander berühren, dabei Kräfte endlicher Größe übertragen und eine innere Reibung endlicher Größe bedingen.“ Diese Definition ist nur insoferne unglücklich, als sie in eine geometrische Beschreibung eine Kraftbedingung einführt und zwar unnötigerweise. Bei dieser phänomenologischen Betrachtungsweise genügt es zu fordern: Fließen ist kontinuierliche geordnete Relativbewegung, ausgeführt von (im Vergleich zum betrachteten Bereich) genügend kleinen Teilen, solange diese einander berühren. Oder auch, solange der äußere Zusammenhang des Körpers gewahrt ist.

Dieser Begriff des Fließens ist identisch mit dem kinematischen Begriff der kontinuierlichen oder genauer gesagt der topologischen Deformation.

Auf der Seite der Physik habe ich die meines Erachtens beste Definition des Fließens bei Reiner (1958) gefunden: „Unter der Wirkung endlicher Kräfte nimmt die Deformation“ (gemeint ist die kontinuierliche Deformation) „des Körpers mit der Zeit kontinuierlich und irreversibel zu.“

Was sagt diese Definition im Realen aus:

1. Unter der Wirkung endlicher Kräfte – diese Forderung ist unproblematisch.

2. Die kontinuierliche Deformation nimmt mit der Zeit zu. Der Gegensatz wäre: Die kontinuierliche Deformation erfolgt in der Zeit Null. Im Realen brauchen wir daher nur eine genügend kurze Zeitspanne betrachten, dann ist diese Forderung sicherlich erfüllt.

3. Die Deformation nimmt mit der Zeit kontinuierlich zu. Auch hier gilt das unter Punkt 2 Gesagte.

4. Die Deformation nimmt mit der Zeit irreversibel zu. Diese Bedingung muß allerdings zur Diskussion gestellt werden, ob sie wirklich gerechtfertigt ist. Wir sprechen doch auch von einem elastischen Fließen.

Wenn wir nach dieser Übertragung ins Reale die beiden Definitionen vergleichen, dann bleibt eigentlich kein großer Unterschied. Die Sandersche Definition beschreibt einfach die kontinuierliche Bewegung. Und die von Reiner geht darüber nur dann hinaus, wenn wir auch für die Zeit das Denken in Größenordnungsbereichen einführen und wenn wir das elastische Fließen tatsächlich ausklammern wollen. Die Zeitfrage ist eine rein methodische. Die Frage der reversiblen Verformung kann die Gefügekunde nicht stellen, weil sie zumindest derzeit keine Methode kennt, um reversibel und irreversibel zu unterscheiden. Diese an sich geringen Differenzen des Begriffsinhaltes des Wortes Fließen kommen aus der Verschiedenheit der Methoden der beiden Wissenschaften und aus der Verschiedenheit der von ihnen untersuchten Objekte: Die Physik untersucht „kleine“ Körper sowie ihr gegenwärtiges und zukünftiges Verhalten an der Oberfläche. Die Geologie dagegen betrachtet „große“, nur teilweise erhaltene Körper und ihre vergangene Deformationsgeschichte, wie sie sich aus ihrer „inneren Gestalt“, dem Gefüge, ermitteln läßt.

Im Anschluß an die Diskussion des Fließens sei auch kurz erinnert an die Diskussion um den Begriff „Kriechen“. Ich möchte da nur darauf hinweisen, daß wir für die langsame (nicht beschleunigte) Bewegung zweier starrer Körper aneinander keinen eigenen Begriff haben und daß sich das Wort Kriechen hier anbietet. Wenn wir uns zum Beispiel eine Hangbewegung vorstellen, bei der die Masse an einer durchgescherten Gleitbahn langsam zu Tal *kriecht*, so können wir das Wort sehr gut verwenden zur Unterscheidung von Fällen, in denen die gesamte Böschungsmasse in *fließender* Bewegung ist, ohne Ausbildung einer basalen Gleitbahn.

Materialgesetz

Zur Ermittlung des konkreten Materialgesetzes gibt es prinzipiell einmal den Weg der sogenannten Mikrorheologie, der ja auch einer der Grundgedanken der Gefügekunde ist: Bewußtes Auflösen des Körpers, der Bewegung in die diskontinuierlichen Elemente und danach Beschreibung des Ganzen als Kontinuum auf Grund der Kenntnis in den diskontinuierlichen Größenordnungen.

Praktisch kommen wir damit natürlich nicht durch. Wir sind noch sehr weit davon entfernt, aus der Kenntnis der Trennflächen, der Materialbrücken und der Teilkörper das Verhalten des Gesamtkörpers qualitativ oder gar quantitativ ableiten zu können. Langer (1961) hat diese Deutung der rheologischen Methode einmal versucht, ist damit aber nicht wirklich durchgekommen: Durch Aufstellen von mathematischen Modellen für die einzelnen realen Phasen eines Tones ein Modell des Gesamtkörpers zu finden. Die Frage der Verknüpfung der Teilmodelle ist so schwierig, daß mit dieser Aufgliederung nicht viel gewonnen ist.

Die Methoden der Strukturgeologie zur Beschreibung des Kontinuums in seinen diskontinuierlichen Größenordnungen bieten aber der Praxis einige der wichtigsten Ergänzungs- und Ersatzmöglichkeiten. Erstens geben wir mit diesen Methoden an, ob in einer bestimmten Größenordnung, die in der Praxis ja durch das Bauwerk oder den geologischen Bau bedingt ist, die kontinuumsmechanische Behandlung überhaupt zulässig ist, bzw. in welchem Bereich von Größenordnungen ein durch einen Versuch bestimmtes Materialgesetz gültig ist. Zweitens geben wir schon seit langem durch die Bestimmung von Homogenbereichen auch den räumlichen Gültigkeitsbereich eines Experimentes an.

Daraus ergibt sich in weiterer Folge die Möglichkeit, aus der Kenntnis technologisch geprüfter Gefüge Erfahrung zu sammeln und an andern Stellen die technologischen Eigenschaften des Materials einzuschätzen. In unserem derzeitigen Stadium ist das vielleicht die wichtigste Methode überhaupt. Damit verbunden ist auch das Bemühen, mit Hilfe der beschreibbaren Veränderungen des Gefüges auf die Veränderungen im technologischen Verhalten zu schließen; womöglich quantitative Methoden zu entwickeln, um beispielsweise in einem Stollen von einzelnen geprüften Fixpunkten aus zu extra- beziehungsweise zu interpolieren.

Eine weitere Möglichkeit für den Geologen, bei der Formulierung eines geeigneten Materialgesetzes mitzuarbeiten, ergibt sich aus folgender Überlegung: Aus dem Prinzip der Determiniertheit der Spannungen und aus dem Prinzip der lokalen Wirkung (siehe Truesdell und Toupin, 1960) ergibt sich, daß die Spannung in einem Punkt bestimmt ist durch die kinematische Bewegungsschichte einer beliebig kleinen Umgebung dieses Punktes, die sich in materialspezifischer Weise auswirkt. Das Materialgesetz ist nichts anderes als eben dieser materialspezifische Zusammenhang zwischen kinematischer Verformunsgeschichte und Spannung. Die große Schwierigkeit besteht nun darin, daß dem Werkstofforscher in der Regel weder die Verformungsgeschichte noch auch das „Gedächtnis" des Materials für diese Geschichte bekannt ist. Hier hilft man sich durch Annahmen. Am einfachsten durch die Annahme eines schwindenden Gedächtnisses und damit der Geschichtslosigkeit. Diese Annahme ist eine jener wesentlichen Einschränkungen unserer klassischen Theorien, die uns in vielen Fällen eben nicht befriedigen.

In diesem Punkt kann der Geologe wieder prinzipiell weiterhelfen. Denn mit Hilfe unserer beschreibenden Methoden können wir über die Vorgeschichte eines Materials oft recht konkrete Angaben machen. Ich kann mir vorstellen, daß Mathematiker und Geologen in gemeinsamer Arbeit Wege finden, um diese Angaben mathematisch geeignet zu fassen.

Es gibt aber auch eine tatsächlich gangbare und noch sehr ausbaufähige Möglichkeit, zu konkreten Angaben über das Verformungsverhalten des Gebirges zu gelangen (Clar, 1960): In geeigneten Fällen, nämlich wenn uns der Beanspruchungsplan bekannt ist, können wir aus der Kenntnis der kinematischen Bewegungsgeschichte eines Körpers — oder geologisch ausgedrückt, aus seinem Bewegungsbild — seine vergangenen Verhaltensweisen rekonstruieren und daraus auf sein zukünftiges Verhalten schließen. Das ist der übliche Weg der Verwertung eines Experimentes. Ein Beispiel dafür bietet meine Untersuchung instabiler Talflanken (1968).

Alle bisherigen Erfahrungen in der Felsmechanik zeigen aber, daß es schwierig sein wird, das gesamte Verhalten eines Materials für je einen Größenordnungsbereich in *ein* Materialgesetz einzubauen. Wir werden voraussichtlich das Verhalten in bezug auf verschiedene Situationen bewußt mit verschiedenen, dafür aber einfacheren Modellen beschreiben und zum Beispiel das kurzzeitige Verhalten unterscheiden vom langzeitigen, das Verhalten im Stollen von dem in einer Böschung.

Außerdem müssen solche Überlegungen einmal taschenbuchreif gefaßt werden können, wenn sie Eingang in die Praxis finden sollen. Ich kann mir das so vorstellen, daß die Theoretiker einen „Stammbaum" der verschiedenen Modelle und ihrer Kriterien aufstellen.

Die Praktiker entscheiden dann, mit welcher Ordnung, also mit welcher Genauigkeit, sie zufrieden sind und entnehmen dem Stammbaum, in bezug auf welche

Eigenschaften sie das Material zu prüfen haben. Mit den Ergebnissen dieser Prüfung geht man wieder in die Tabelle und sucht sich, etwa wie in einem Pflanzenbestimmungsbuch, aus, welches mathematische Modell im besonderen Fall das optimale ist. Eine weitere Erleichterung für die Praxis wird auch in unserem Bereich der Einsatz von Computern bringen. Sie werden es ermöglichen, einerseits komplizierte Rechnungen tatsächlich durchzuführen und andererseits mit Hilfe von Probiermethoden optimale Lösungen zu finden, auch ohne direkte Anwendung überkomplizierter mathematischer Theorien.

Anisotropie

Aus der Beschreibung des Kontinuums durch seine morphologischen Eigenschaften in den diskontinuierlichen Größenordnungen kann der Geologe auch über die Anisotropie des Gebirges näherungsweise Auskünfte geben. Für die Fragen des praktischen Felsbaues haben es Müller und Pacher (Müller, 1958) versucht, die gefügekundlich faßbaren Daten der morphologischen Anisotropie mit Hilfe des Konzeptes der Widerstandsziffern quantitativ auszudrücken. Auch hier müßten sich Methoden finden lassen, um diese Angaben in die mathematische Formulierung einzubauen. Die weitere Behandlung dieser Daten in der mathematischen Theorie bereitet anscheinend keine sonderlichen Schwierigkeiten. Speziell die Kristallphysik hat über die Symmetrie der Eigenschaftstensoren schon eingehend gearbeitet.

Bruch des Kontinuums*

In der oben gegebenen allgemeinsten Formulierung des Materialgesetzes sind zumindest die Bedingungen für die Deformationen, die wir als Versagen und Brechen bezeichnen, enthalten. In der Technischen Mechanik werden dagegen zwei Materialgesetze verwendet: eine kontinuumsmechanische Theorie, im allgemeinen also die Elastizitätstheorie oder die Plastizitätstheorie, und dazu eine Bruchtheorie. Wir tun das aus dem selben Grund, aus dem wir, wie eben ausgeführt, das Verhalten eines Materials in bezug auf verschiedene Situationen mit verschiedenen Materialgesetzen beschreiben: um mit mathematisch einfacheren Formeln durchzukommen, die außerdem noch den Vorteil haben, daß die Materialeigenschaften in nur wenige Komponenten zerlegt werden, die durch relativ einfache Versuche bestimmt werden können. Auch so ist das Formulieren einer Bedingung für Bruch oder Versagen noch schwierig genug. Das zeigt sich zum Beispiel darin, daß die in der Baupraxis gewöhnlich verwendeten Bruchtheorien zum Teil gar nicht der Kontinuumsmechanik entstammen: Das Konzept der Coulombschen Formel postuliert, daß der zu Bruch gehende Körper betrachtet werden kann wie zwei starre Körper, die durch ihre Reibung bis zu einem gewissen Punkt zusammengehalten werden. Und die Griffith-Theorie geht aus von der Annahme von Rissen im Körper. Aber auch mit den Bruchtheorien auf der Grundlage der Kontinuumsmechanik kommen wir in der Regel nicht durch. Sogar die Grenzflächenmechanik (siehe Müller, 1963) beinhaltet derartige Einschränkungen (Nadai, 1950, 15/1), daß wir sie in der Felsmechanik nicht allgemein verwenden können.

Die einzige mir bekannte allgemeine Bruchtheorie auf der Basis der Kontinuumsmechanik ist die von Reiner und Weissenberg (Reiner, 1958). Sie sagt im wesentlichen aus, daß ein Körper eine bestimmte maximale reversible Verformungsarbeit speichern kann und zwar verschieden für Schub und Dehnung. Wenn er diese elastische in bleibende Verformung umsetzen kann, dann kann er weitere bruchlose Verformung durchführen. Die konkrete Bruchbedingung des Körpers hängt

* Erweiterung des Vortrages vom 28. 10. 1967.

also von diesem Umsatz und damit von seinem konkreten Materialgesetz ab. Es ist mir nicht bekannt, ob sich diese Theorie bei praktischen Problemen bewährt hat.

Aus geologischer Sicht bestehen hier aber noch ganz andere Schwierigkeiten: Erstens ist auch die Bruchbedingung von der Größenordnung der Betrachtung abhängig. Denn zu Bruch geht das Kontinuum und dieses ist eben auf eine bestimmte Größenordnung bezogen. Zweitens entstammen auch die Begriffe Versagen und Bruch, so wie viele andere unserer Vorstellungen, der Erfahrung mit *kleinen* Körpern, die wir isoliert betrachten können. Es ist die Frage, ob sie bei der Beschreibung geologischer Körper überhaupt sinnvoll sind.

Für den Begriff des Versagens möchte ich diese Frage eigentlich verneinen. Wir müssen in der Felsmechanik ohnehin kompliziertere Materialgesetze anwenden. Wenn wir da ein Versagen definieren, also eine maximale Verformung oder Verformungsgeschwindigkeit für einen bestimmten Fall zulassen wollen, dann brauchen wir dazu kein eigenes Gesetz, sondern nur die genaue Kenntnis des einen Materialgesetzes.

Und was ist Bruch bei geologischen Körpern? Unsere Vorstellungen vom Bruch beinhalten doch, daß der Körper auseinanderfällt. Das können geologische Körper nur in den seltensten Fällen (siehe Müller, 1960). Dabei müssen wir aber natürlich konzedieren, daß die Außnahmen von dieser Regel in der Geotechnik besonders wichtig und auch relativ häufig sind.

Wenn nun ein Körper nicht auseinanderfallen kann, so bedeutet das Auftreten einer neuen Diskontinuität lediglich eine Modifikation und nicht eine Unterbrechung des Kontinuums, wie Sander das nennt. In der Sprache der Kinematik heißt das (Truesdell und Toupin, 1960): Es liegt eine Bewegung vor, die lediglich an einzelnen isolierten Flächen, Kurven oder Punkten nicht-topologisch ist. Bei diesen Singularitäten handelt es sich für unseren Bereich durchwegs um Gleitflächen, die immer noch eine kontinuierliche Spannungsverteilung bewirken — eben lediglich eine Modifikation und nicht eine Unterbrechung der Kontinuität.

Aber auch bei einer vollständigen Unterbrechung der Kontinuität, das heißt also bei einer allgemeinen nicht-topologischen Bewegung, bei der neue Oberflächen entstehen, können wir nicht einfach von Bruch sprechen.

Wenn zum Beispiel der M. Toc in einem Fließstadium eine basale Gleitbahn ausbildete, so ist das, obwohl dann der ganze Hang durch eine Trennfläche vom Untergrund isoliert war, sicherlich kein Bruch, sondern eine diskontinuierliche Fließbewegung oder ein Kriechen. Wenn der M. Toc dann mit 100 km/h (Müller, 1964) zu Tal fuhr, dann ist die Verwendung des Begriffes „Bruch der Böschung" durchaus sinnvoll. Es kommt aber auch vor, daß dieses Ausreißen nicht passiert, sondern daß der Berg in vielleicht ein-, zwei- oder dreitausend Jahren oder noch mehr auf der bereits ausgebildeten Gleitbahn langsam zu Tal kriecht. Damit hatte man im Vajonttal ja gerechnet; und bei den Bewegungen im Pfortschwinkel und in Fließ-Niedergallmig zum Beispiel (Zischinsky, 1966) ist das auch tatsächlich so vor sich gegangen.

Ist das nun ein Bruch der Böschung? Ich finde nicht. Nach meinem Dafürhalten ist das immer noch ein diskontinuierliches Fließen.

Wenn das so ist, so können wir vielleicht den Unterschied eines Bruches gegenüber einer solchen Bewegung durch das plötzliche Auftreten einer im großen gesehen beschleunigten Bewegungen definieren.

Die Definition des Bruches wird also sehr kompliziert: Wir fordern einen plötzlichen Festigkeitsverlust an einer womöglich neu auftretenden Diskontinuität und zusätzlich noch eine konkrete Situation des Körpers, die sein Auseinanderfallen ermöglicht.

Das sind zu viele Forderungen, als daß wir in einer allgemeinen Geomechanik mit dem „Bruch" sehr viel anfangen könnten. Für den Geologen kommt noch dazu, daß er vollzogene Bewegungen beobachtet und dann die Bedingung des plötzlichen

Festigkeitsverlustes grundsätzlich meist nicht angeben kann. Ich sehe mich also genötigt, den Begriff Brechen auf ausgesprochene Ausnahmsfälle einzuengen. *Wir dürfen nicht mehr „bruchlos" statt „kontinuierlich" setzen und „diskontinuierlich" mit „brechend" verwechseln.* Unsere Sprechweise wird dadurch zwar korrekt, leider aber sehr unbequem.

Vielleicht hilft uns das aber entscheidend weiter: Die bisherigen Bruchbedingungen gliedern sich auf in die Frage, wann ein Körper in einer bestimmten Größenordnung diskontinuierlich reagiert, beziehungsweise in welchen Größenordnungen

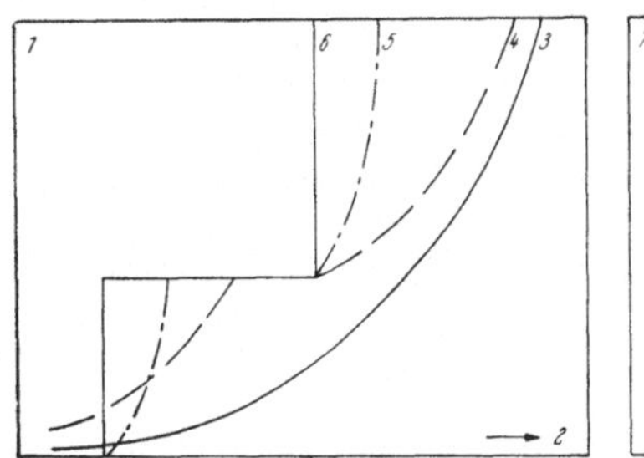

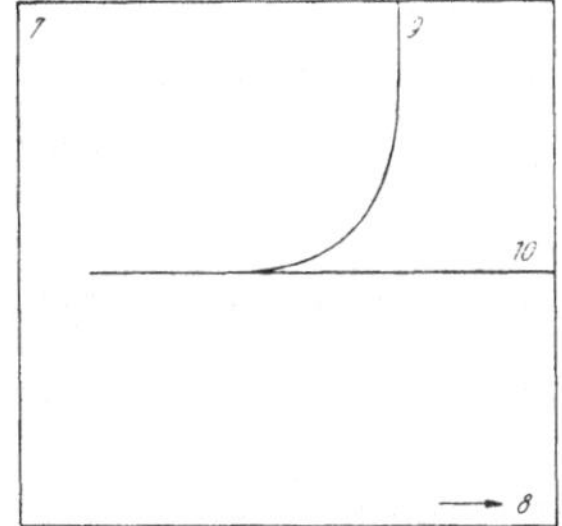

Abb. 2. Zur Charakteristik einiger Bewegungsformen

1 Querschnitt durch den Körper; *2* Geschwindigkeit; *3* Fließen; *4* diskontinuierliches Fließen; *5* Grenzfall sowohl für das Kriechen als auch für das diskontinuierliche Fließen. Derartige Grenzfälle müssen wir zulassen, wenn wir diese beiden Begriffe auch in der Natur und nicht nur auf Modelle anwenden wollen. *6* Kriechen und Brechen; *7* Relativgeschwindigkeit in der Diskontinuität; *8* Zeit; *9* Bruch; *10* Kriechen, diskontinuierliches Fließen

Characterization of some types of movements

1 Section through the body; *2* velocity; *3* flow; *4* discontinous flow; *5* limit case of the term creep as well as of the term discontinous flow. It is essential to admit such limit cases if we want to apply the terms creep and discontinuous flow not only to models but also nature. *6* creep or fracture; *7* relative velocity in the discontinuity; *8* time; *9* fracture; *10* creep, discontinuous flow

Pour caractériser certaines formes de mouvement

1 Coupe du corps; *2* vitesse; *3* écoulement; *4* écoulement discontinu; *5* cas limite anssi bien pour le fluage que pour l'écoulement discontinu. Il est nécessaire d'admettre de tels cas limites si nous voulons vraiment appliquer les notions de fluage et d'écoulement discontinu aux phénomènes naturels et non seulement aux modèles. *6* fluage ou rupture; *7* vitesse relative dans la discontinuité; *8* temps; *9* rupture; *10* fluage, écoulement discontinu

er bei einer bestimmten Beanspruchung kontinuierlich und in welchen er diskontinuierlich reagiert; und in die Frage, wann er sich nicht nur diskontinuierlich sondern auch brechend verformt.

Dasselbe Problem lautet in Ausdrücken des Diskontinuums etwa folgendermaßen: Welche Teilkörperarten führen in einem bestimmten Material bei einer bestimmten Beanspruchung zu einer bestimmten Zeit welche Relativbewegungen zueinander aus (Zischinsky, 1967, S. 111).

Wenn wir diese Fragen erst einmal allgemein beantworten können, dann werden wir hoffentlich auch in diesem Bereich zu einer gewissen Übersicht und zu einer brauchbaren Nomenklatur kommen. Das ist derzeit in keiner Weise der Fall.

Literatur

Buchheim, W.: Zur Berücksichtigung der Zeitabhängigkeit in der Theorie des mechanischen Verhaltens von Gesteinsmassen. Geol. Bauwes. *26*, 218—233, 1961.

Clar, E.: Gebirgsbau und Geomechanik. Geol. Bauwes. *25*, 186—190, 1960.

Haefeli, R.: Kriechprobleme im Boden, Schnee und Eis. Wasser und Energiewirtschaft *3,* 1–19, 1954.

Haefeli, R.: Eine Parallele zwischen der Eiskalotte Jungfraujoch und den großen Eisschildern der Arktis und Antarktis. Geol. Bauwes. *26,* 191–213, 1961.

Holmes, A.: Principles of Physical Geology. 2. Aufl., 1288 S., 880 Abb. London: Nelson. 1965.

Kettner, R.: Allgemeine Geologie. *4,* 361 S. 215 Abb. Berlin: Dt. Verl. Wiss. 1960.

Körner, H.: Schnee- und Eismechanik und einige ihrer Beziehungen zur Geologie. Felsmech. Ing.-Geol. *2,* 45–67, 1964.

Langer, M.: Zur Theorie der Deformationsvorgänge in Tonen. Geol. Jb. *79,* 1–22, Hannover 1961.

Müller, L.: Von den Unterschieden geologischer und technischer Beanspruchung. Geomechanische Probleme I. Geol. Bauwes. *16,* 106–161, 1948.

Müller, L.: Geomechanische Auswertung gefügekundlicher Details. Geol. Bauwes. *24,* 4–21, 1958.

Müller, L.: Brechen und Fließen in der geologischen und mechanischen Terminologie. Geol. Bauwes. *25,* 218–227, 1960.

Müller, L.: Der Felsbau. *1,* 624 S., 307 Abb., 22 Tafeln. Stuttgart: Ferdinand Enke. 1963.

Müller, L.: The Rock Slide in the Vajont Valley. Felsmech. Ing.-Geol. *2,* 148–212, 1964.

Müller, L.: Vortrag Frühjahrstagung. Dt. Geol. Ges., Trier 1967.

Müller, L.: New Considerations on the Vaiont Slide. Felsmech. Ing.-Geol. *6,* 1–91 1968.

Nadai, A.: Theory of Flow and Fracture of Solids. *1.* New York: McGraw Hill. 1950.

Reiner, M.: Rheology. Handb. Phys. *6,* 434–550. Berlin: Springer. 1958.

Sander, B.: Einführung in die Gefügekunde der geologischen Körper. *1,* 215 S., 66 Abb. Wien: Springer. 1948.

Synge, J. L.: Classical Dynamics. Handb. Phys. *3/1,* 1–225. Berlin: Springer. 1960.

Truesdell, C., et W. Noll: The Non-Linear Field Theories of Mechanics. Handb. Phys. *3/3,* 602 S. Berlin: Springer. 1965.

Truesdell, C. et R. Toupin: The Classical Field Theories. Handb. Phys. *3/1,* 226–793 S. Berlin: Springer. 1960.

Zischinsky, U.: On the deformation of high slopes. Sitz. Ber. 1. Kongr. intern. Ges. Felsmechanik *2,* 179–185, Lissabon 1966.

Zischinsky, U.: Zur Anwendbarkeit der Kontinuumsmechanik. Veröff. Inst. Bodenmechanik u. Felsmechanik, TH Karlsruhe, *27,* 95–115, 1967.

Zischinsky, U.: Über Sackungen. Felsmech. Ing.-Geol. *6/4,* 1968. Im Druck.

Anschrift des Verfassers: Dr. U. Zischinsky, Geologisches Institut der Universität Wien, Universitätsstraße 7, A-1010 Wien.

Felsmechanik u. Ingenieurgeol., Suppl. V, 33—54 (1969)

Kinematische Betrachtungen zum Rankineschen Spannungszustand in der geneigten, kriechenden Schicht

Von

Helmut J. Körner, München

Mit 10 Textabbildungen

(Eingegangen am 24. Januar 1968)

Zusammenfassung — Summary — Résumé

Kinematische Betrachtungen zum Rankineschen Spannungszustand in der geneigten, kriechenden Schicht. Geringfügige, langsam verlaufende Kriechbewegungen an Talhängen können sowohl Vorwarnzeichen eines drohenden Böschungsbruches sein als auch nach mehr oder minder langer Dauer wieder zur Ruhe kommen.

Vielfach wird diesem Kriechen kein Einfluß auf die Standsicherheit der Böschung beigemessen, obwohl bekannt ist, daß in der Regel die Scherfestigkeit bei größeren Verschiebungen bis auf einen Restwert abfällt und deshalb nicht auszuschließen ist, daß sich eine solche fortschreitende Entfestigung im Hangkriechen äußert. Da andererseits das Kriechen zu einer Konsolidierung des Hanges führen kann, stellt sich die Frage nach Kriterien, die es gestatten, den Beanspruchungszustand in der kriechenden Schicht zu beurteilen.

Bei der Dauereinwirkung von Scherspannungen ist auch bei Spannungszuständen, die innerhalb der unter normalen, d. h. üblichen Versuchsbedingungen ermittelten Mohrschen Hüllkurve bleiben, mit zeitabhängigen Verformungen zu rechnen, die eine (bruchlose) Verformung der oberflächennahen Bereiche einer Böschung bedingen. Diese Verformung kommt durch das Kriechprofil einer in ihrer Mächtigkeit abgrenzbaren Schicht zum Ausdruck.

Für einfache Formen dieses Kriechprofiles werden die Spannungszustände in der kriechenden Schicht auf der Grundlage des Rankineschen Spannungszustandes abgeleitet. Dabei wird eine Betrachtungsweise angewandt, wie sie Haefeli (1939) für die kriechende Schneeschicht benutzt hat. Diese „kinematische" Lösung bezieht nur die Richtung der Kriechgeschwindigkeitsvektoren eines Momentanzustandes ein und gestattet die graphische oder analytische Ermittlung der Spannungszustände in Abhängigkeit von der Kriechrichtung auf Grund geometrischer Beziehungen.

Der Einfluß der Richtung des Kriechens und der Böschungsneigung auf den Spannungzustand der kriechenden Schicht wird diskutiert. Durch Gegenüberstellung der erhaltenen Spannungszustände mit den Festigkeitsgrenzwerten lassen sich die Richtungen des „stabilen Kriechens" nach zwei instabilen Bereichen hin abgrenzen, wenn auch die einschneidenden Vereinfachungen der Aufgabe zunächst nur qualitative Aussagen zulassen.

Ferner wird der Ruhedruckbeiwert der geneigten Schicht ermittelt.

Die Schlußfolgerungen aus dieser kinematischen Theorie legen es nahe, dem Kriechprofil bei den Beobachtungen und Messungen an kriechenden Böschungen mehr Aufmerksamkeit zu widmen.

Cinematic considerations concerning the Rankine stress condition in an inclined creeping layer. Slight and slow creeping-movements at valley-slopes can be considered as forewarnings of threatening breaks in the bank, but may as well come to a stop within a shorter or longer period.

Very often it is denied that this creeping has any influence on the stability of the bank, though it is generally known that as a rule in case of larger dislocations the shear strength drops to a rest-value; consequently the possibility cannot be excluded that such an increased process of loosening may lead to a creep of the slope. As on the side the creep can result in aconsilidation of the slope, the question is inevitable, which factors make it possible to judge the state of stress in a creeping layer.

In the case of permanent influences shearing tensions remaining within the normal values of the Mohr's envelope determined under usual test-conditions deformations must be taken into consideration that are dependent upon the factor of time and imply a breakless deformation of the upper layers of the bank. This deformation becomes manifest through the creep-profile of a layer marked off by its size.

For simple forms of this creep-profile the states of tension in the creeping layer can be deduced on the basis of the Rankine-tension state. Here the same point of approach is chosen as was used by Haefeli for creeping snow-layers. This "cinematic" solution includes only the direction of the creeping speed vectors of a momentary state and allows for a graphical or analytical determination of tension-states dependent on the creeping-direction on the basis of geometrical relations.

The influence of the creeping-direction and the inclination of the slope on the tension-state of the creeping layer is dealt with in the present work. By comparison of the tension-states with the limit-values of stability the directions of "stable creeping" can be marked off to two instable areas, though the drastic simplifications of the problem allow for only qualitative statements.

Furthermore the coefficient of earth pressure at rest in an inclined layer is determined.

The consequences of this cinematic theory lead to the conclusion that greater attention should be paid to the creeping-profile when creeping slopes are observed and measured.

Considérations cinématiques sur l'équilibre de Rankine dans le fluage d'une couche inclinée. Les mouvements de fluage d'un versant, même lents et insignifiants, peuvent aussi bien indiquer une rupture imminente que revenir au repos après une plus ou moins longue durée.

Très souvent on n'attribue au fluage aucune influence sur la stabilité du talus. On sait pourtant, qu'en règle générale, la résistance au cisaillement tombe à une valeur résiduelle après un grand déplacement. On ne peut donc pas éviter que le fluage produise une telle perte de résistance progressive. Comme par ailleurs, le fluage peut conduire à une consolidation, on doit se demander d'après quels critères on peut juger la répartition des contraintes dans une couche soumise au fluage.

Pour un état de contrainte qui demeure inférieure aux conditions normales de rupture, c'est-à-dire aux conditions usuelles d'essai représentées par la courbe intrinsèque, il faut tenir compte des déformations dépendant du temps qui conditionnent la déformation (sans rupture) de la partie superficielle du versant. Cette déformation se manifeste par le profil de fluage d'une couche d'épaisseur limitée.

Pour les formes simples de ce profil de fluage, les états de contrainte sont établis à la base par Rankine comme l'a fait Haefeli (1939) pour le fluage des couches de neige. Cette solution cinématique s'applique seulement à la direction des vecteurs vitesse de fluage pour un état de contrainte instantané et permet une détermination graphique ou analytique de l'état de contrainte en fonction de la direction du fluage, grâce à des relations géométriques.

L'influence de la direction du fluage et de l'inclinaison du talus sur l'état de contrainte de la couche soumise au fluage est discutée. En comparant les états de contrainte obtenus pour les valeurs extrêmes de la résistance on peut délimiter les directions du fluage stable par rapport à deux domaines instables. A cause des simplifications on ne peut obtenir que des résultats qualitatifs.

En outre on détermine le coefficient de poussée au repos d'une couche inclinée.

Les conclusions de cette théorie cinématique suggèrent la nécessité de consacrer plus d'attention au profil de fluage en effectuant des observations et mesurages au fluage des versants.

1. Problem und Aufgabe

Wie die Erfahrung zeigt, sind die Böschungsbrüche im Fels und im Lockergestein nur die Endphase mehr oder weniger lang andauernder, vorbereitender Vorgänge. Dem Bruch gehen in der Regel geringfügige, langsam verlaufende Bewegungen voraus, die allzu häufig unbeachtet bleiben und die erst in einem fortgeschrittenen Stadium unübersehbar werden, wenn sich Aufwölbungen der Geländeoberfläche bilden, Klüfte und Spalten öffnen oder wenn die an solchen Talhängen errichteten Bauwerke Lageveränderungen und Schäden erleiden. Die zunächst geringfügigen und langsam verlaufenden Bewegungen können die Vorwarnzeichen eines drohenden Böschungsbruches sein[17, 20]; ihre Beobachtung mit möglichst genauen und zweckdienlichen Meßeinrichtungen ist deshalb schon aus Gründen der Sicherheit angezeigt. Andererseits kennt man eine Reihe von Hanglagen, in denen solche langsamen Kriechbewegungen seit geraumer Zeit stattfinden – zum Teil mit sehr zuverlässigen Meßwerten belegt[1, 12, 13] – ohne daß eine akute Bruchgefahr zu erkennen ist. Und schließlich gibt es genügend Anzeichen dafür, daß solche, sicherlich langsam verlaufenen Kriechvorgänge nach einiger Zeit wieder zur Ruhe gekommen sind.

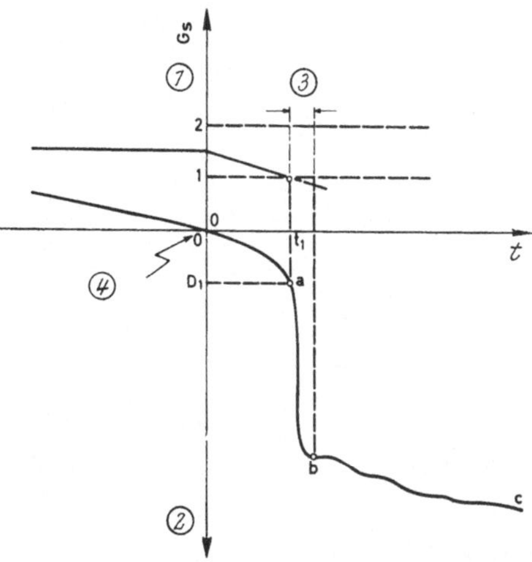

Abb. 1. Diagramme zur Darstellung der Bodenbewegungen, die einer Rutschung vorausgehen (nach Terzaghi[30])

1 Sicherheitsfaktor; *2* Abwärtsverschiebung; *3* Rutschung; *4* Rutschungsursache beginnt zu wirken; *t* Zeit

Diagram illustrating the ground-movements which precede a landslide (after Terzaghi[30])

1 Safety factor; *2* downward displacement; *3* slide; *4* cause of sliding begins to act; *t* time

Diagramme illustrant les mouvements du sol qui précèdent un glissement (d'après Terzaghi[30])

1 Coefficient de sécurité; *2* déplacement vers l'aval; *3* glissement; *4* la cause du glissement commence à être efficace; *t* temps

Wenn man kriechende Bewegungen an Talhängen feststellt, besteht also zunächst noch kein Grund zur Panik. Man wird vielmehr mit nüchterner Ruhe für hinreichende Aufschlüsse über den Umfang der von der Bewegung erfaßten Masse und über deren Zusammensetzung und Eigenschaften sorgen, die Größe und den Verlauf der Bewegung selbst messen, den Ursachen nachspüren ([3], [18]) und – je nach der möglichen Bedrohung mehr oder weniger intensiv und mit wechselndem Erfolg – um Abhilfe bemüht sein. Allzu oft bleibt es jedoch aus den verschiedensten Gründen dem Kriechhang gegenüber bei einer Verhaltensweise, die man als „Mit-System-Zuschauen" bezeichnen könnte. Die Aufmerksamkeit konzentriert sich dabei im allgemeinen auf die Frage, ob sich die meßtechnisch registrierbare Bewegungsgeschwindigkeit steigert oder nicht. Zeigt sich keine Beschleunigung, dann ist man schon einigermaßen beruhigt und geneigt, mit der Feststellung, daß der Hang eben kriecht, sich anderen Tagesproblemen zu widmen.

Diese Verhaltensweise findet auch ihren Ausdruck (oder ihre Rechtfertigung?) in dem Diagramm (Abb. 1) aus „Mechanisme of Landslide"[30], einer vielzitierten Arbeit Terzaghis, in dem die Bewegungsvorgänge vor, während und nach einer Rutschung dargestellt sind. Den Ursprung des Diagramms legt Terzaghi in den Zeitpunkt, in dem – wie er sagt – die eigentliche Bruchursache zu wirken beginnt. Das vorher stattfindende Kriechen verläuft nach diesem Diagramm mit konstanter Geschwindigkeit und hat keinen Einfluß auf die Höhe des bis zur einsetzenden Bewegungsbeschleunigung als konstant vorausgesetzten Sicherheitsfaktors.

Hat das Kriechen wirklich keinen Einfluß auf die Standsicherheit einer Böschung?

Wir wissen z. B. aus den Experimenten mit kontrollierter Verschiebung, daß die kohäsiven Stoffe (z. B. Fels, bindige Böden, Eis) und die stark verdichteten rolligen Böden mit zunehmender Verschiebungsgröße zwar eine anfängliche Verfestigung, d. h. ein Maximum ihrer Scherfestigkeit zeigen, daß jedoch mit weiter zunehmender Verformung die Weg-Scherfestigkeitskurven stark abfallen (Abb. 2)[16].

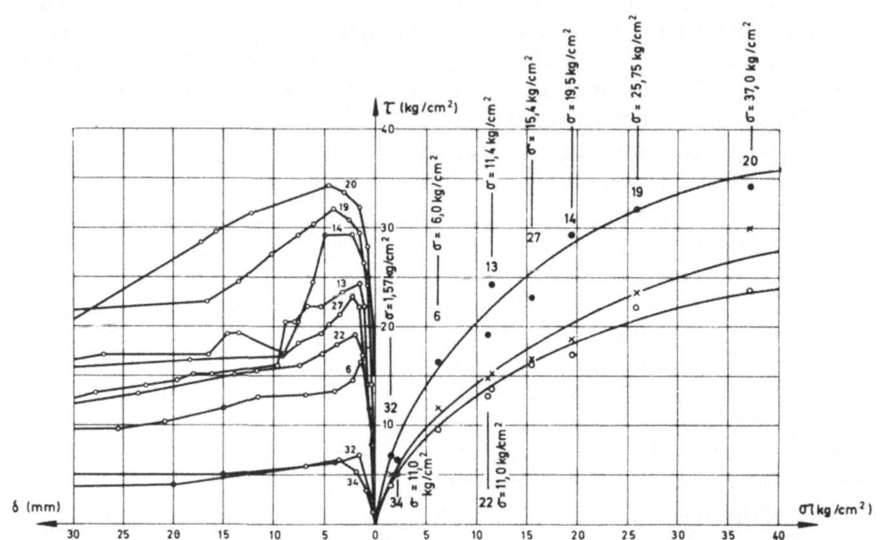

Abb. 2. Scherwiderstand einer Diskontinuitätsfläche im Kalkstein (nach Krsmanovič[16])
Shear resistance of a discontinuity area of limestone (after Krsmanovič[16])
Résistance au cisaillement d'une surface de discontinuité dans des roches calcaires (d'après Krsmanovič[16])

Den bei sehr großen Verschiebungen verbleibenden Restwert der Festigkeit nennt man nach Skempton[27] die Restscherfestigkeit (residual shear strength) und den Verhältniswert zwischen Restscherfestigkeit und dem Maximum der Scherfestigkeit nach Haefeli[5, 10] den Restquotienten (residual ratio). Der mit fortschreitender Verformung feststellbare Scherfestigkeitsverlust läßt sich unschwer einem Verlust an Kohäsion zuschreiben. Es ist nicht auszuschließen, daß sich eine solche fortschreitende Entfestigung im Hangkriechen äußert[19, 20, 21, 25, 28].

Wenn an einem kriechenden Hang nichts passieren soll, dann muß er sich also entweder in einem Zustand befinden, in dem unter, oder besser: durch seine Verformung (Kriechen) eine Konsolidierung zustande kommt, oder in einem Zustand, in dem trotz kontinuierlich fortschreitender Verformung keine zunehmende Entfestigung der in Bewegung begriffenen Masse um sich greift. Nur im ersten Fall läßt sich, vorausgesetzt daß sich die Beanspruchung der Böschung durch äußere Umstände nicht ändert, ein Abklingen der Bewegung erwarten, und auch im zweiten Fall könnte man unbesorgt den Hang sich selbst überlassen.

Wie aber läßt sich der Zustand, der in einem Kriechhang angetroffen wird, einigermaßen zuverlässig beurteilen?

Diese schwierige Aufgabe müßte zweifelsohne mit den Mitteln der Mechanik angegangen werden, d. h. auf Grund der Stoffgleichungen, die die lokalen kinematischen Bestimmungsstücke (hier die Verformungsgeschwindigkeiten) mit den statischen, d. h. den Spannungszuständen verknüpfen. Es gibt mehrere Ansätze, das Problem auf diesem Weg, d. h. also exakt, auf Grund der Viskositätstheorie oder

Plastizitätstheorie zu lösen[15, 22, 23, 24, 32]. Aber auch dabei müssen notwendigerweise starke Vereinfachungen der natürlichen Verhältnisse in Kauf genommen werden, weil kompressible, inhomogene Stoffe mit einem komplizierten rheologischen Verhalten, wie die Gesteine und die im allgemeinen nicht stationären Bewegungsvorgänge, die mathematischen Schwierigkeiten für eine vollständige und exakte Lösung unüberwindbar machen. Je nach der Art der vorgenommenen Vereinfachungen sind deshalb diese Theorien geeignet, jeweils nur spezielle Aspekte des vielschichtigen Problems der kriechenden Schicht oder Böschung sichtbar zu machen.

Es soll hier nicht über diese Theorien und ihre Ergebnisse referiert werden. Vielmehr wird eine Theorie aufgezeigt, die von Haefeli[6] entwickelt und von ihm auf die kriechende Schneeschicht angewandt wurde. Diese Theorie benutzt keine speziellen Spannungs-Verformungsbeziehungen, sie nimmt vielmehr zunächst einmal die Tatsache des Kriechens hin und zieht ihre Folgerungen auf Grund geometrischer Beziehungen aus einfachen Erscheinungsformen des kontinuierlichen Kriechens. Es erscheint deshalb berechtigt, von einer *„kinematischen“* Betrachtungsweise zu sprechen, der als solcher eine gewissermaßen übergeordnete Gültigkeit zukommt. Auch auf diese sehr anschauliche Weise ist es unter gewissen vereinfachenden Voraussetzungen möglich, Rückschlüsse auf die Spannungszustände in der kriechenden Schicht zu gewinnen und durch Gegenüberstellung mit den *Grenzwerten der Festigkeit* einige wichtige Schlußfolgerungen über die möglichen Kriechvorgänge und Spannungszustände in der geneigten Schicht zu ziehen.

2. Der Festigkeitszustand

Die Festigkeit der Locker- und Festgesteinskörper wird in bekannter Weise durch die Mohrsche Hüllkurve beschrieben. Sie definiert den Bereich, innerhalb dessen die Spannungen eines Körpers bleiben müssen, wenn er keine großen Verformungen erleiden soll. Sobald eine einzige Spannung auf der Mohrschen Hüllkurve liegt, entstehen Gleitbewegungen längs definierbarer Flächen, den „Gleitflächen“ und es tritt in der Regel der Bruch ein. Definitionsgemäß erhält man also – und zwar durch Versuche im Labor oder in situ – die Bruchlinie bzw. die Mohrsche Hüllkurve als Einhüllende der Mohrschen Spannungskreise für diejenigen Spannungssysteme, die sich im Augenblick des Beginns der großen Verformungen einstellen.

Das Ergebnis dieser Versuche ist von den Versuchsbedingungen abhängig, so z. B. auch von der Versuchsdauer, d. h. von der Verformungsgeschwindigkeit. Das Studium des Einflusses der Zeit ist bei den Gesteinskörpern im allgemeinen sehr erschwert, weil sich die Zeit nicht raffen läßt. Einen Monat währende Experimente sind schon sehr selten. Das Problem des Einflusses der Versuchsdauer und damit der Geschwindigkeit der Scherdeformation auf die Festigkeit ist deshalb noch nicht befriedigend geklärt.

Hinsichtlich der Dauereinwirkung von Scherspannungen auf Prüfkörper können grundsätzlich drei Spannungs-Größenbereiche unterschieden werden[29]:

Der *Stabilitäts- oder elastische Bereich,* in dem hinreichende kleine und praktisch zeitunabhängige Deformationen auftreten.

Der *Kriechbereich,* in dem zeitabhängige, viskose Verformungen auftreten, wobei der scheinbare Viskositätskoeffizient vom Spannungszustand bzw. der Verformungsgeschwindigkeit abhängt[3] und in der Regel zunehmen muß, wenn der Bruch ausgeschlossen sein soll.

Der *Bruchbereich* mit zeitlich stetig fortschreitender oder sich beschleunigender Verformung.

Aus dieser kurzen Betrachtung über den Festigkeitszustand gilt es festzuhalten, daß auch bei Spannungszuständen, die unter der bei normalen, d. h. üblichen Versuchsbedingungen ermittelten Mohrschen Hüllkurve verbleiben, mit zeitabhängigen Verformungen zu rechnen ist. Müssen auch diese ausgeschlossen werden, dann kann das zu einer spürbaren Verengung des Innenbereiches der Mohrschen Hüllkurve führen. Mit anderen Worten: die Grenzwerte der Festigkeit werden unscharf, die Mohrsche Hüllkurve fächert sich innerhalb eines gewissen Bereiches auf; ja es ist zu erwarten, daß sich Scharen von Bruchlinien ergeben, deren jede bestimmten Versuchsbedingungen entspricht.

Auf die übrige Problematik dieser Versuche und auf das Problem der Übertragbarkeit der stets an mehr oder weniger kleinen Prüfkörpern gewonnenen Ergebnisse auf geologische Körper sei hier ebenso nur hingewiesen, wie z. B. auf die wichtige Voraussetzung der Isotropie, die die notwendige Bedingung dafür ist, daß die mittlere Hauptspannung eines räumlichen Spannungszustandes keinen Einfluß auf die Grenze der elastischen, d. h. der hinreichend kleinen Formänderungen hat.

3. Der Spannungszustand der kriechenden Schicht

Auch bei der Spannungsermittlung der kriechenden Schicht muß zunächts stark von den natürlichen Gegebenheiten abstrahiert werden. Es sei vorausgesetzt, daß die unter dem Winkel β geneigte Böschung sehr lang sei und daß sich die konstante

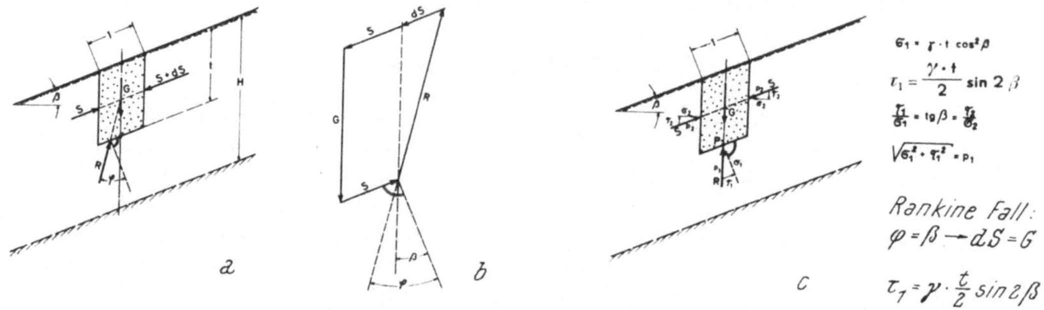

Abb. 3. Spannungszustand der geneigten Schicht
State of stress of an inclined layer
État de contrainte dans la couche inclinée

Mächtigkeit H der in Kriechbewegung befindlichen homogenen Schicht eindeutig abgrenzen lasse (Abb. 3 a). Senkrecht zur Zeichenebene sollen keine Verformungen stattfinden, d. h. in dieser Richtung wirke der Ruhedruck (siehe 6. und [11]).

Außerdem soll in der betrachteten Schicht ein Rankinescher Spannungszustand vorherrschen[26]. Dieser Sonderfall ist dadurch gekennzeichnet, daß die Seitenkräfte auf ein herausgeschnittenes prismatisches Element böschungsparallel liegen und sich gegenseitig in ihrer Wirkung aufheben (Abb. 3 c). Bei der nur der Schwerkraft unterworfenen horizontalen Schicht oder beim horizontal begrenzten Halbraum ist das immer der Fall, für die Begrenzung mit konstanter Neigung ist dies nur eine weitere vereinfachende Annahme, über deren Gültigkeit man sich eigens Rechenschaft geben muß. Das Gewicht G des herausgeschnittenen Elementes von der Tiefe 1 ist dann nach Größe und Richtung auch gleich der Reaktionskraft R im Punkt P auf die Sohlfläche desselben (Abb. 3 c). Wenn das nicht der Fall ist, d. h. wenn nicht der Sonderfall des Rankineschen Spannungszustandes vorliegt, wird für $\varphi < \beta$ ein Teil der Hangkomponente des Gewichtes in Richtung der Schicht abgeleitet (Abb. 3 a und 3 b).

Die resultierenden Spannungen p auf die Sohl- und Seitenflächen des Schnittelementes, Abb. 3 c, stehen schief zu diesen Schnittflächen. Durch Zerlegung in Normal- und Schubspannungskomponente erhält man folgende Beziehungen für die Sohlfläche:

$$\frac{\tau_1}{\sigma_1} = \operatorname{tg} \beta \tag{1}$$

$$\left.\begin{aligned} \sigma_1 &= \gamma \cdot t \cdot \cos^2 \beta \\ \tau_1 &= \frac{\gamma \cdot t}{2} \sin 2\beta \end{aligned}\right\} \tag{1 a}$$

Zur Ermittlung der schichtparallel auf die Seitenflächen wirkenden Kräfte S bzw. der Spannungen σ_2 und τ_2 reicht eine Gleichgewichtsbetrachtung (Abb. 3 b) allein nicht aus. Wie stets lassen sich diese auf die Seite wirkenden Spannungen nur aus dem Zusammenhang zwischen Spannungen und Deformationen ermitteln. Es läßt sich lediglich anschreiben, daß im Rankineschen Sonderfall auch

$$\frac{\tau_2}{\sigma_2} = \operatorname{tg} \beta \tag{2}$$

sein muß.

Der Rankinesche Zustand wird im übrigen auch bei der Betrachtung der Grenzzustände des schief begrenzten Halbraumes zugrunde gelegt[15, 31]. Diese Grenzzustände sind dadurch statisch bestimmt, daß nur diejenigen aller möglichen Spannungskreise betrachtet werden, die die als scharf definierbar vorausgesetzten Mohr-Terzaghischen Bruchlinien berühren. Auf ein böschungsparalleles Flächenelement in der Tiefe t des Halbraumes wirken die Spannungen σ_1 und τ_1 nach Gleichung (1 a), bzw. die resultierende Spannung p_1. Diesen Spannungen auf die Sohlfläche im Punkt P der Abb. 3 c entspricht der Punkt P' im Mohrschen Diagramm (Abb. 4 und 5 b) und es gibt nur zwei Spannungskreise durch diesen Punkt, die die Bruchlinien berühren. Diese beiden Spannungskreise beschreiben vollständig den aktiven und den passiven Grenzzustand, die den summarischen Bewegungsvorgängen der „Stauchung" und „Streckung" des geradlinig schief begrenzten Halbraumes entsprechen.

Die Mohrschen Kreise der Spannungszustände in der kriechenden Böschung dürfen dagegen die Bruchlinie nicht berühren, weil sonst die Böschung bricht. Da nur die Richtung, nicht aber die Größe der auf die Seitenflächen wirksamen Spannungen bekannt ist, ist die Aufgabe der Ermittlung des Spannungskreises im Punkt P zunächst statisch unbestimmt. Es ist das Verdienst Haefelis[6], aufgezeigt zu haben, wie man näherungsweise zu einer Löung kommen kann.

Bei dieser „kinematischen" Lösung wird die Richtung der Verschiebung des Punktes P in die Betrachtung einbezogen (siehe Abb. 5 a) und angenommen, daß alle „Kriechvektoren" $\mathfrak{v}$ im betrachteten Vertikalschnitt A–B parallel zueinander liegen. Diese Geschwindigkeitsvektoren bilden in ihrer Gesamtheit das kontinuierliche „Kriechprofil" ABC. Nachdem ferner die Spannungs- und Verformungszustände im Rankineschen Sonderfall unabhängig von der Lage der gewählten vertikalen Schnittebene AB sind, müssen benachbarte Kriechprofile — streng genommen die Kriechprofile der ganzen Schicht — kongruent sein. Außerdem soll der Geschwindigkeitsvektor im Punkt B auf der Schichtsohle = 0 sein. (Ein Gleiten auf der Schichtsohle läßt sich näherungsweise durch Annahme einer größeren Schichtmächtigkeit kompensieren. — Das Kriechen einer Schicht ist zudem definitionsgemäß ein langsam verlaufender Vorgang, der erst nach langer Zeit Verschiebungsbeträge liefert, die mit der Schichtmächtigkeit H vergleichbar sind. Man könnte deshalb mit Haefeli[6] zunächst einmal auch annehmen, daß die Kriechgeschwindigkeit eines

Momentanzustandes annähernd linear mit der Höhe des betrachteten Punktes P über dem Punkt B zunehme, wie das für Schnee häufig zutrifft. Ein geradliniges Kriechprofil setzt eine mit der Tiefe zunehmende Zähigkeit voraus. Im übrigen wird aber die Lösung für andere Formen eines kontinuierlichen Kriechprofiles mit parallelen Geschwindigkeitsvektoren nicht ungültig, d. h. die kinematische Theorie ist nicht auf eine bestimmte Form dieses Kriechprofils – geradlinig, konvex, konkav – festgelegt.)

„Im Punkt P lassen sich nun zwei zueinander senkrecht stehende Richtungen angeben, die sich dadurch auszeichnen, daß der durch sie gebildete Winkel bei einer kleinen Verschiebung des Scheitels P keine Änderung erfährt. Man erhält diese Richtungen, indem man in P die Senkrechte zum Kriechvektor $\mathfrak{v}$ zieht und über dem Schnittpunkt M mit der Grundlinie der kriechenden Schicht den Kreisbogen $D-P-E$ schlägt (Abb. 5 a). Bewegt sich der Punkt P einen kleinen Betrag in Richtung $\mathfrak{v}$, so bleibt der rechte Winkel $D-P-E$ als Peripheriewinkel unverändert. In den zu den Richtungen $P-E$ und $P-D$ parallelen Flächenelementen sind also keine Schubspannungen wirksam, d. h. diese Geraden stellen die Richtungen der Hauptspannungen dar. Damit ist der Winkel α bekannt, den die erste Hauptspannung mit dem unter β zur Horizontalen geneigten Flächenelement durch P einschließt. Dieser Winkel bildet das bisher fehlende Element, welches ausgehend vom Punkt P' im Mohrschen Diagramm (Abb. 5 b) die Konstruktion des Spannungskreises ermöglicht" (Lit. 6; S. 190).

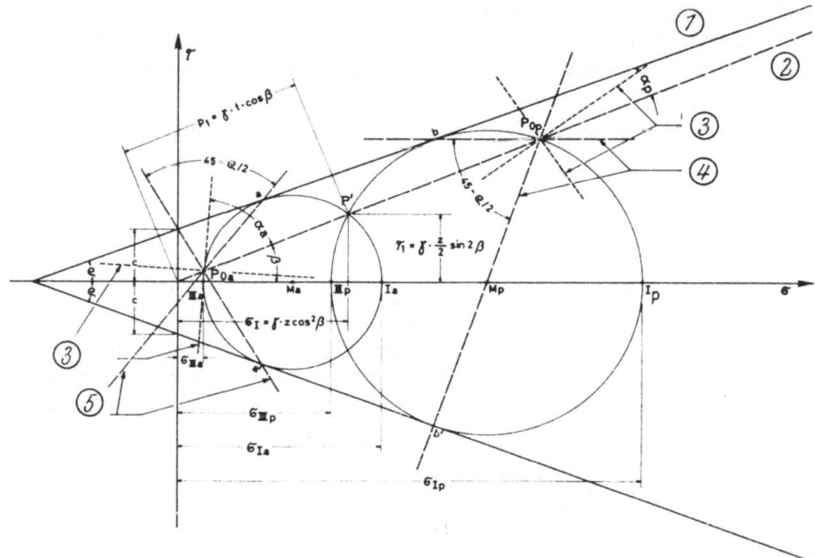

Abb. 4. Spannungskreise der Grenzzustände des schief begrenzten Halbraumes[15, 31]

1 Mohrsche Hüllkurve; *2* Böschungslinie; *3* Hauptspannungsrichtungen; *4* Gleitlinien des passiven Grenzzustandes; *5* Gleitlinien des aktiven Grenzzustandes

Stress circles of extreme conditions of the oblique sided half-space[15, 31]

1 Mohr's envelope; *2* slope inclination; *3* directions of principal stresses; *4* shear pattern for the passive state of stress; *5* shear pattern for the active state of stress

Cercles de rupture du demi-espace, limité obliquement[15, 31]

1 Courbe intrinsèque; *2* pente du versant; *3* directions des contraintes principales; *4* lignes de glissement de l'état passif; *5* lignes de glissement de l'état actif

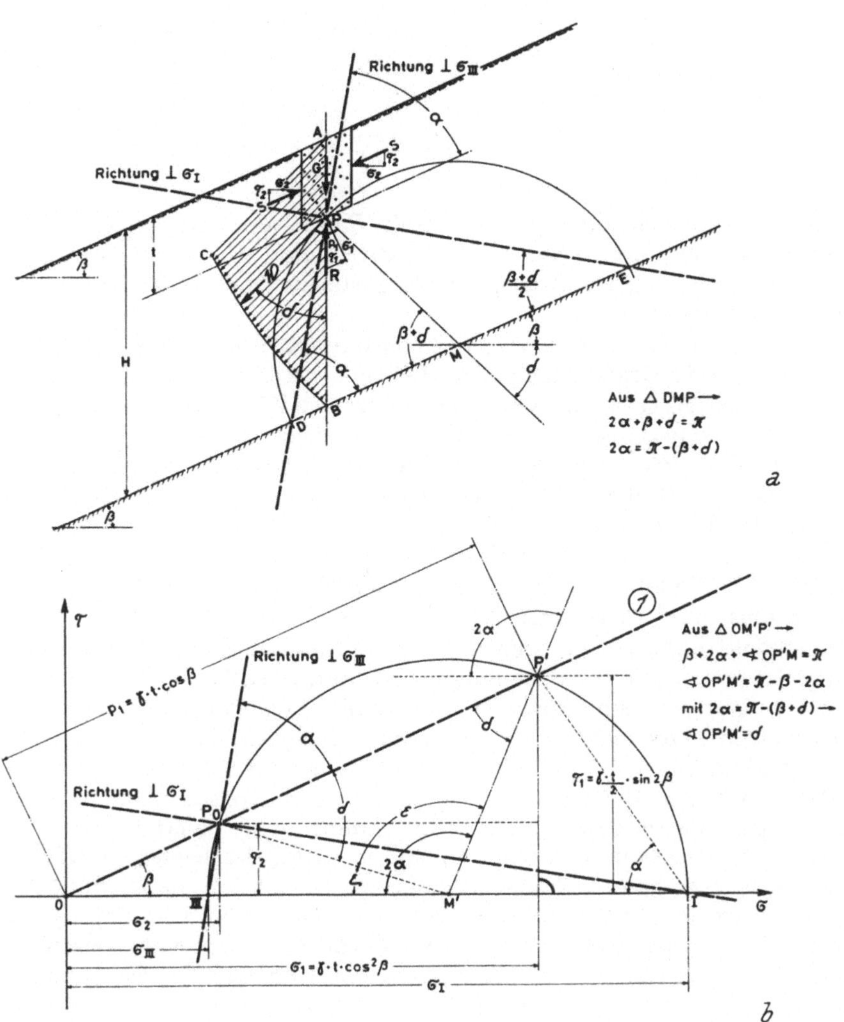

Abb. 5. Spannungszustand der kriechenden Schicht (nach Haefeli[6, 8, 12])

a) Ermittlung der Hauptspannungsrichtungen; b) Ermittlung des Spannungskreises für den Punkt *P*. *1* Böschungslinie

State of stress of the creeping layer (after Haefeli[6, 8, 12])

a) Determination of the directions of the principal stresses; b) Determination oft the stress circle for point *P*. *1* Slope inclination

État de contrainte dans la couche soumise au fluage (d'après Haefeli[6, 8, 12])

a) Détermination des directions des contraintes principales; b) Détermination du cercle de Mohr pour le point *P*. *1* Pente du versant

In Abb. 5 a ist der Winkel, den der Kriechvektor $\mathfrak{v}$ eines Momentanzustandes im Punkt *P* mit der Vertikalen einschließt, mit δ bezeichnet. Den Ergänzungswinkel zwischen $\mathfrak{v}$ und der Böschungsparallelen durch *P* nennt Haefeli den „Kriechwinkel"*.

* Um Verwechslungen vorzubeugen sei darauf hingewiesen, daß Haefeli den *Kriechwinkel* mit β bezeichnet, während hier diese Bezeichnung in Übereinstimmung mit DIN 4015 (Formelzeichen im Erd- und Grundbau) für die *Böschungsneigung* verwendet wird.

Aus den geometrischen Beziehungen der Abb. 5a folgt dann:

$$2\alpha = \pi - (\beta + \delta)$$

bzw.

$$\alpha = \frac{\pi}{2} - \frac{\beta + \delta}{2} \tag{3}$$

d. h. die Hauptspannungsrichtungen im Punkt P sind allein abhängig von der Böschungsneigung β und der Richtung des Kriechvektors δ. Diese beiden Größen sind also bei der Beurteilung des Beanspruchungszustandes eines Kriechhanges mit von entscheidender Bedeutung.

Die Ermittlung des Mohrschen Spannungskreises (Abb. 5b) ist gewissermaßen die Umkehrung jener Grundaufgabe der Mechanik, bei der Größe und Richtung der Hauptspannungen gegeben und der Spannungszustand in einer beliebigen Schnittrichtung gesucht sind. Aus den geometrischen Beziehungen der Abb. 5b (Sehnenviereck $III/P_0/P'/I$) folgt, daß der Mittelpunktswinkel $OM'P'$ doppelt so groß ist, wie der Winkel α, den die Richtung der ersten Hauptspannung mit der unter β geneigten Schnittrichtung einschließt. Der Winkel 2α ist also von einer horizontalen Linie durch P' in Abb. 5b aufzutragen und der so erhaltene Winkelschenkel mit der Abszisse zum Schnitt zu bringen, um den Mittelpunkt M' des Mohrschen Kreises vom Radius $M'P'$ zu erhalten.

Die Schnittrichtung der unter β geneigten Sohlfläche des betrachteten Böschungselementes, d. h. die „Böschungslinie", durch den Punkt P' im Spannungsdiagramm aufgetragen, schneidet den Mohrschen Spannungskreis im Punkt P_0, dem sogenannten „Polpunkt". Definitionsgemäß schneiden sich in diesem Polpunkt alle Schnittrichtungen der im Punkt P, Abb. 5a, auftretenden und durch jeweils einen Punkt auf der Umfangslinie des Mohrschen Kreises, Abb. 5b, gekennzeichneten Spannungszustände[31]. Zieht man durch den Punkt I der Abb. 5b eine Parallele zu der Schnittrichtung, auf die σ_I wirkt, desgleichen in III für σ_{III}, so müssen sich auch diese im Polpunkt schneiden (womit sich die Möglichkeit einer graphischen Kontrolle ergibt). Ferner muß die vertikale Schnittrichtung der Seitenflächen des betrachteten Böschungselementes durch diesen Polpunkt verlaufen. Die Koordinaten des Punktes P_0 (Abb. 5b) liefern damit die Spannungen σ_2 und τ_2 auf die vertikale Schnittrichtung im Punkt P der Abb. 5a.

Die Winkelsumme im Dreieck $OM'P'$, Abb. 5b, muß gleich π sein, woraus folgt:

$$\sphericalangle OP'M' = \pi - \beta - 2\alpha$$

mit α nach Gl. (3) folgt

$$\sphericalangle OP'M' = \delta. \tag{4}$$

Aus den geometrischen Beziehungen der Abb. 5b ergibt sich dann für den Radius des Spannungskreises:

$$\frac{\sigma_I - \sigma_{III}}{2} = \frac{\gamma \cdot t}{2} \cdot \frac{\sin 2\beta}{\sin(\delta + \beta)} \tag{5a}$$

und für seine Mittelpunktslage OM':

$$\frac{\sigma_I + \sigma_{III}}{2} = \frac{\gamma \cdot t}{2} \cdot \frac{\sin(\delta + \beta) + \sin(\delta - \beta)}{\sin(\delta + \beta)}. \tag{5b}$$

Daraus errechnen sich die Hauptspannungen im Punkt P zu:

$$\sigma_{\mathrm{I}} = \frac{\gamma \cdot t}{2} \; \frac{\sin(\delta + \beta) + \sin(\delta - \beta) + \sin 2\beta}{\sin(\delta + \beta)} \tag{6 a}$$

$$\sigma_{\mathrm{III}} = \frac{\gamma \cdot t}{2} \; \frac{\sin(\delta + \beta) + \sin(\delta - \beta) - \sin 2\beta}{\sin(\delta + \beta)} \tag{6 b}$$

außerdem erhält man:

$$\sigma_2 = \sigma_1 \, \frac{\sin(\delta - \beta)}{\sin(\delta + \beta)} \tag{7 a}$$

$$\tau_2 = \tau_1 \, \frac{\sin(\delta - \beta)}{\sin(\delta + \beta)}. \tag{7 b}$$

Die Abhängigkeit des Spannungszustandes im Punkt P von der Richtung des Kriechens und der Böschungsneigung läßt sich damit auf graphischem oder analytischem Weg diskutieren.

4. Der Einfluß der Richtung des Kriechens und der Böschungsneigung auf den Spannungszustand

4.1. Es erscheint nun zunächst nicht unvernünftig zu fragen, ob und unter welchen Bedingungen ein *vertikalgerichtetes Kriechen am Hang,* d. h. eine Setzung, die ja generell als kriechende Bewegung aufzufassen ist, auftreten kann. In diesem Fall ist $\delta = 0$ und aus Gl. (3) folgt

$$\alpha = \frac{\pi}{2} - \frac{\beta}{2}.$$

Ferner ergeben sich aus den Gln. (6) und (7)

$$\sigma_{\mathrm{I}} = \gamma \cdot t \cos\beta = p_1$$

$$\sigma_{\mathrm{III}} = -\gamma \cdot t \cos\beta = -p_1$$

$$\tau_{max} = \pm \frac{\sigma_{\mathrm{I}} - \sigma_{\mathrm{III}}}{2} = \pm p_1$$

$$\tau_2 = -\tau_1$$

$$\sigma_2 = -\sigma_1.$$

Die graphische Ermittlung des Spannungskreises ist beispielsweise für alle weiteren der betrachteten Kriechrichtungen in der Abb. 6 dargestellt. Er kennzeichnet einen reinen Schubspannungszustand. Die Richtungen der größten Schubspannungen werden durch Verbindung des Polpunktes P_0 mit den Spannungspunkten $\pm \tau_{max}$ erhalten. Sie liegen unter 45^0 gegen die Hauptspannungen geneigt. Die Hauptspannungsrichtungen selbst sind leicht überkippt. Die annähernd schichtparallele Hauptspannung σ_{III} ist eine Zugspannung. Vertikal-Setzungen am Hang sind also nur dann möglich, wenn Zugspannungen von der Größenordnung des Überlagerungsdruckes übertragen werden können. Sie erfordern damit eine hohe Kohäsion des Materials in der Böschung.

4.2. Die Beständigkeit der Kohäsion im (witterungsbeeinflußten) Bereich der Geländeoberfläche und damit die Möglichkeit der Aufnahme von Dauerzugspannungen ist eine sehr zweifelhafte Sache. Das Auftreten von größeren, bzw. von Zugspannungen überhaupt ist deshalb in der Regel auszuschließen.

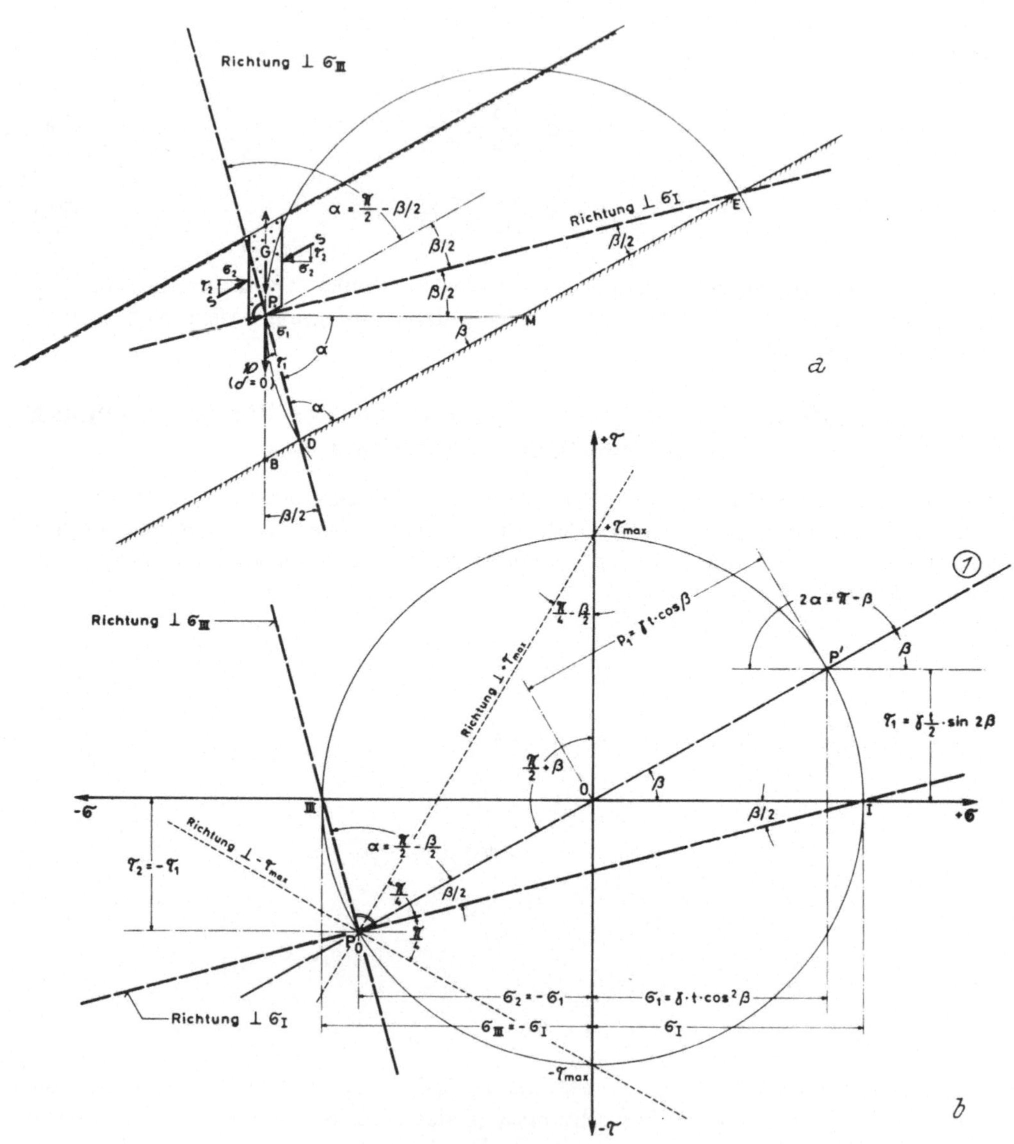

Abb. 6. Spannungszustand: Vertikalsetzung am Hang

1 Böschungslinie

State of stress: vertical displacement at the slope

1 Slope inclination

État de contrainte: déplacement vertical au talus

1 Pente du versant

$\sigma_{III} = 0$, wenn nach Gl. (6b)

$$\sin(\delta + \beta) + \sin(\delta - \beta) = \sin 2\beta$$

ist. Das ist der Fall für $\delta = \beta$, d. h. beim *Ausschluß von Zugspannungen* erfolgt Kriechen unter einem Winkel gegen die Vertikale, welcher der Schichtneigung gleich ist. Man erhält ferner

$$\alpha = \frac{\pi}{2} - \beta.$$

Die verbleibende Hauptspannung $\sigma_I = \gamma t$ ist also gleich dem Überlagerungsdruck und vertikal gerichtet. Ferner werden:

$$\sigma_2 = 0; \ \tau_2 = 0.$$

Die zugehörigen Spannungskreise sind in den Abb. 7–9 mit „2" gekennzeichnet. Für kohäsionsloses Material überschreiten im übrigen auch die zu diesen in der Bildebene einachsialen Spannungszuständen gehörigen Spannungskreise die Bruchlinie. Daraus folgt, daß die „Setzung" einer lockeren Hangbedeckung unter ihrem Eigengewicht (z. B. infolge Verwitterung, Grundwasserabsenkung oder Überstauung, siehe [3] und [18]) nur verbunden mit einer hangabwärts gerichteten Kriechbewegung auftreten kann[7, 9, 12]. Die hangabwärts kriechende Bewegung einer solchen lockeren Hangbedeckung ist also keine Ausnahme, sie muß vielmehr der Regelzustand sein. Durch sie werden die dem Material nicht verträglichen Spannungszustände abgebaut. Bei konstanter Böschungsneigung kann ein Gleichgewichtszustand in der lockeren Hangbedeckung nur dadurch erreicht werden, daß entweder durch die stattfindende „Setzung", die ja zu einer Verdichtung führt, eine hinreichende Festigkeit (Kohäsion) zustande kommt — dann ist ein Abklingen der Bewegung zu erwarten — oder dadurch, daß sich eine Kriechrichtung einstellt, bei der die zugehörigen Spannungskreise die Bruchlinie nicht mehr überschneiden.

4.3. Für flacher einfallende Kriechvektoren (zunehmendes δ) schrumpft nämlich der Spannungskreis für den Punkt P zunächst noch weiter zusammen, bis sich für $\delta = \frac{\pi}{2} - \beta$, d. h. *für schichtparalleles Kriechen* das Minimum der Hauptspannungsdifferenz einstellt. Hierfür erhält man aus den Gln. (6a) und (6b):

$$\sigma_I = \gamma t \cdot \cos\beta \cdot (\sin\beta + \cos\beta)$$

$$\sigma_{III} = \gamma t \cdot \cos\beta \cdot (\cos\beta - \sin\beta)$$

und damit ein Hauptspannungsverhältnis

$$\frac{\sigma_I}{\sigma_{III}} = \operatorname{tg}\ (45 + \beta).$$

Die zugehörigen Spannungskreise sind in den Abb. 7–9 mit „3" bezeichnet. Die Hauptspannungsrichtungen sind bei schichtparallelem Kriechen bereits unter 45^0 gegen die Schicht geneigt $\left(\alpha = \frac{\pi}{4}\right)$.

Bei weiterer Zunahme des Winkels δ $\left(\delta > \frac{\pi}{2} - \beta;\ \alpha < \frac{\pi}{4}\right)$ muß auch die Schichtmächtigkeit zunehmen. Damit wird nunmehr der Bereich der „aktiven" Eigengewichtswirkungen verlassen und es treten Wirkungen ein, die zur Längsstauchung

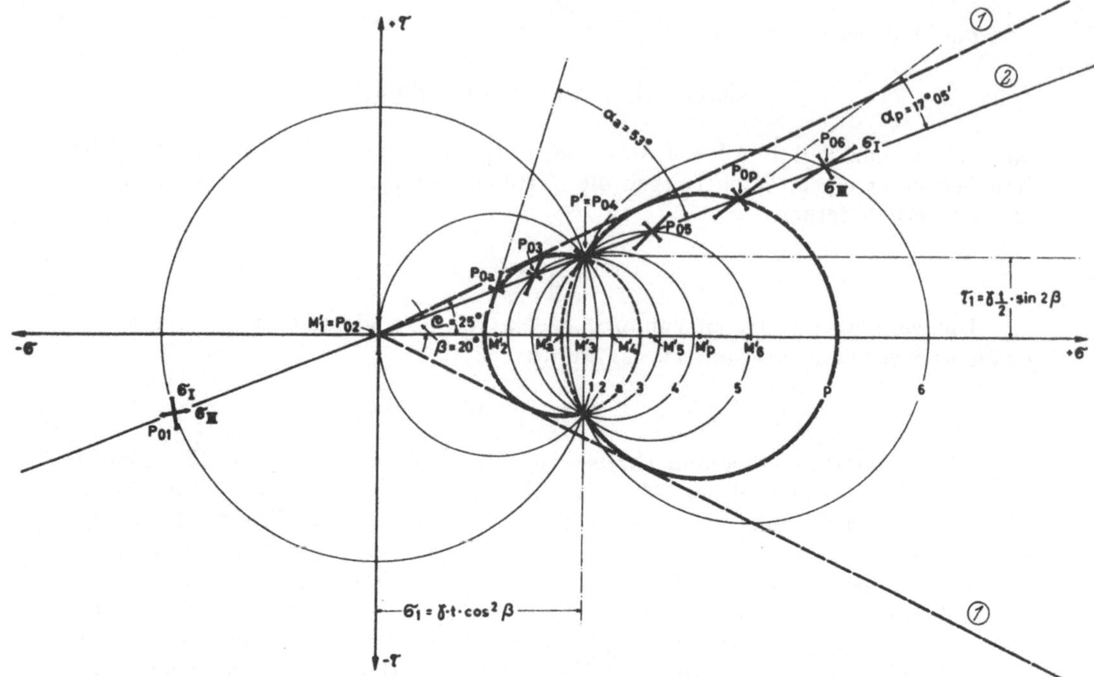

Abb. 7. Spannungskreise und Bereich des stabilen Kriechens für $\beta = 20^0$; $\varrho = 25^0$; $c = 0$
1 Mohrsche Hüllkurve; 2 Böschungslinie

Stress circles and range of stable creep for $\beta = 20^0$; $\varrho = 25^0$; $c = 0$
1 Rupture line; 2 slope inclination

Cercles de Mohr et domaine du fluage stable pour $\beta = 20^0$; $\varrho = 25^0$; $c = 0$
1 Courbe intrinsèque; 2 Pente du versant

Spannungskreis	α	δ	Kriechen
1	$\frac{\pi}{2} - \frac{\beta}{2} = 80^0$	0	
2	$\frac{\pi}{2} - \beta = 70^0$	$\beta = 20^0$	instabil
a = aktiver Grenzzustand	$52^0\,55'$	$54^0\,10'$	
3	$\frac{\pi}{4} = 45^0$	$\frac{\pi}{2} - \beta = 70^0$	
4	$\frac{\pi}{4} - \frac{\beta}{2} = 35^0$	$\frac{\pi}{2} = 90^0$	stabil
5	$\frac{\pi}{4} - \beta = 25^0$	$\frac{\pi}{2} + \beta = 110^0$	
p = passiver Grenzzustand	$17^0\,05'$	$125^0\,50'$	
6	$\frac{3\pi}{8} - \frac{\beta}{2} = 12{,}5^0$	$\frac{3\pi}{4} = 135^0$	instabil

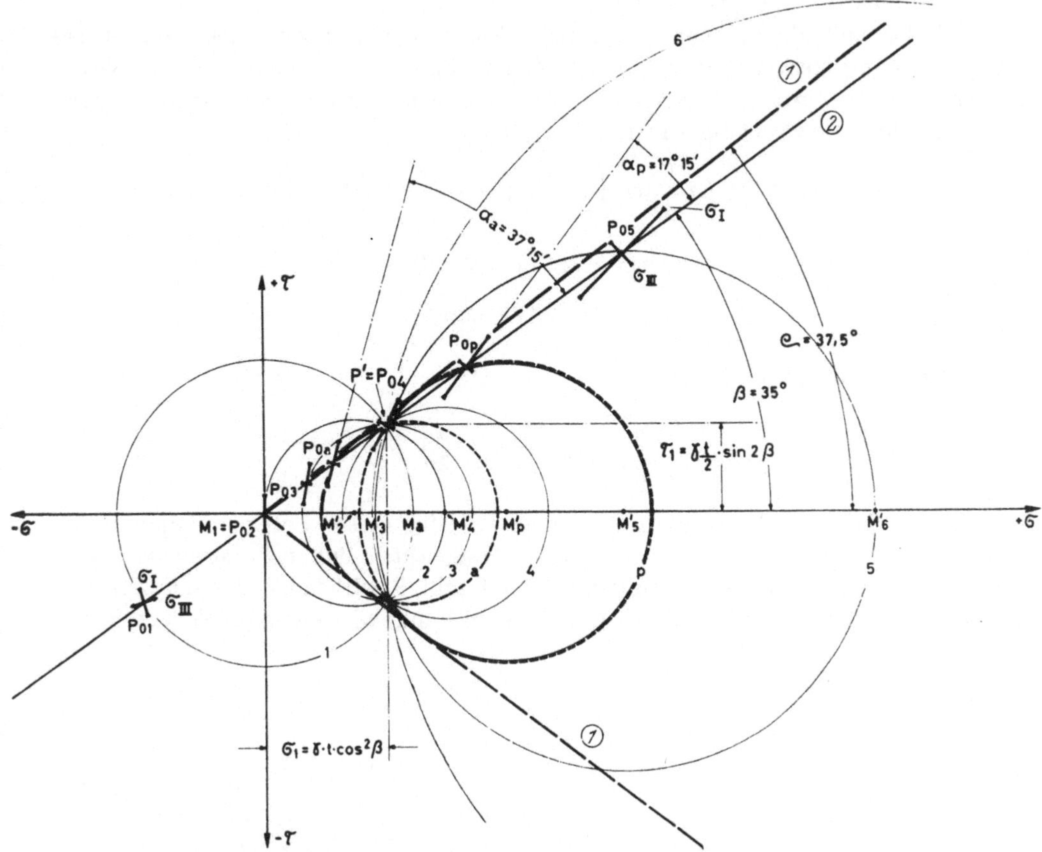

Abb. 8. Spannungskreise und Bereich des stabilen Kriechens für $\beta = 35^0$; $\varrho = 37{,}5^0$; $c = 0$
1 Mohrsche Hüllkurve; *2* Böschungslinie

Stress circles and range of stable creep for $\beta = 35^0$; $\varrho = 37{,}5^0$; $c = 0$
1 Rupture line; *2* slope inclination

Cercles de Mohr et domaine du fluage stable pour $\beta = 35^0$; $\varrho = 37{,}5^0$; $c = 0$
1 Courbe intrinsèque; *2* Pente du versant

Spannungskreis	α	δ	Kriechen
1	$\frac{\pi}{2} - \frac{\beta}{2} = 72{,}5^0$	0	
2	$\frac{\pi}{2} - \beta = 55^0$	$\beta = 35^0$	**instabil**
3	$\frac{\pi}{4} = 45^0$	$\frac{\pi}{2} - \beta = 55^0$	
a = **aktiver Grenzzustand**	37° 15′	70° 30′	
4	$\frac{\pi}{4} - \frac{\beta}{2} = 27{,}5^0$	$\frac{\pi}{2} = 90^0$	**stabil**
p = **passiver Grenzzustand**	17° 45′	109° 30′	
5	$\frac{\pi}{2} - \beta = 10^0$	$\frac{\pi}{2} + \beta = 125^0$	**instabil**
6	$\frac{3\pi}{8} - \frac{\beta}{2} = 5^0$	$\frac{3\pi}{4} = 145^0$	

der Schicht und damit zum „passiven" Zustand überleiten (siehe 6.). Diese Längsstauchung steht mit dem Rankineschen Spannungszustand nicht in Widerspruch, wenn sie (strenggenommen) auf der gesamten (unendlichen) Länge der kriechenden Schicht gleichmäßig wirkt.

4.4 *Für horizontales Kriechen* $\left(\delta = \frac{\pi}{2};\ \alpha = \frac{\pi}{4} - \frac{\beta}{2}\right)$ ergibt sich mit

$$\sigma_{\mathrm{I}} = \gamma \cdot t \cdot (1 + \sin \beta)$$

$$\sigma_{\mathrm{III}} = \gamma \cdot t \cdot (1 - \sin \beta)$$

das Hauptspannungsverhältnis

$$\frac{\sigma_{\mathrm{I}}}{\sigma_{\mathrm{III}}} = \mathrm{tg}^2 \left(45 + \frac{\beta}{2}\right).$$

Im zugehörigen Mohrschen Diagramm fällt für diesen Fall der Polpunkt P_{04} (siehe Abb. 7—9) mit dem durch σ_1 und τ_1 festgelegten Punkt P' zusammen, d. h. die auf eine schichtparallele Schnittfläche im Punkt P wirkenden Spannungen sind gleich den auf einem Vertikalschnitt durch diesen Punkt wirkenden ($\sigma_1 = \sigma_2$; $\tau_1 = \tau_2$).

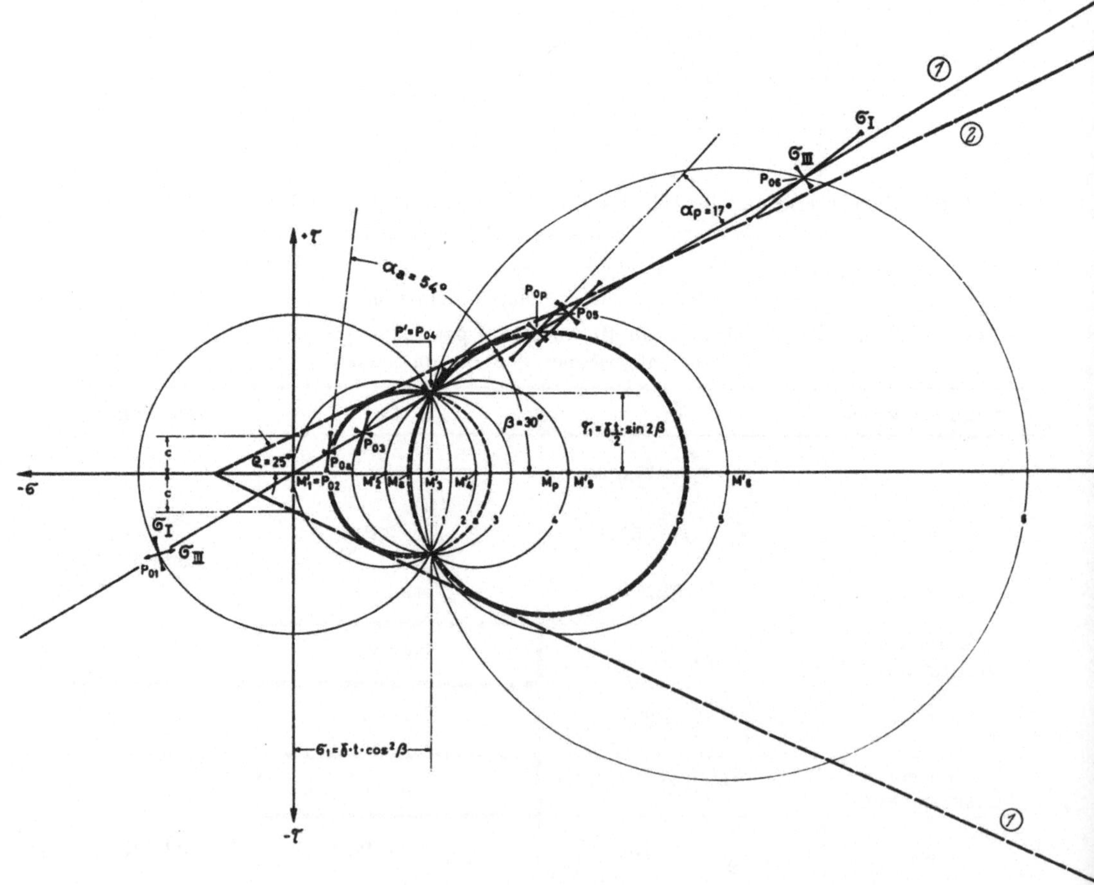

Abb. 9

Für $\beta = 0$ sind die Fälle des schichtparallelen und horizontalen Kriechens identisch und führen zu hydrostatischen Spannungszuständen ($\sigma_{I} = \sigma_{III}$; $\tau = 0$).

4.5. *Für verstärktes Stauchen* ($\delta > \frac{\pi}{2}$; Spannungskreise „5" und „6" der Abb. 7—9) nimmt die Hauptspannungsdifferenz mit zunehmender Böschungsneigung immer rascher zu. Nach oben gerichtete Kriechbewegungen kündigen damit den Zusammenbruch der geneigten kriechenden Schicht infolge Stauchung an. Aus dem Vergleich der Abb. 7—9 ist außerdem der starke Einfluß der Böschungsneigung ersichtlich.

5. Die Grenzwerte des stabilen Kriechens der geneigten Schicht

Der Bereich der Richtungen des „stabilen Kriechens" im Punkt P (Sicherheit $\geqq 1{,}0$) wird definitionsgemäß durch jene Spannungskreise bestimmt, die innerhalb der Bruchlinie liegen. Die beiden Spannungskreise, die die Hüllkurve berühren und die den aktiven und passiven Grenzzustand (Sicherheit $= 1{,}0$) kennzeichnen[31], umranden damit die Spannungszustände des stabilen Kriechens in der geneigten Schicht (siehe die stark strichlierten Kreisbögen in den Abb. 7—9).

Abb. 9. Spannungskreise und Bereich des stabilen Kriechens für $\beta = 30^0$; $\varrho = 25^0$; $c = {}^1/_2 \cdot \gamma \cdot t \cdot \cos\beta \cdot \operatorname{tg}\varrho$
1 Mohrsche Hüllkurve; 2 Böschungslinie

Stress circles and range of stable creep for $\beta = 30^0$; $\varrho = 25^0$; $c = {}^1/_2 \cdot \gamma \cdot t \cdot \cos\beta \cdot \operatorname{tg}\varrho$
1 Rupture line; *2* slope inclination

Cercles de Mohr et domaine du fluage stable pour $\beta = 30^0$; $\varrho = 25^0$; $c = {}^1/_2 \cdot \gamma \cdot t \cdot \cos\beta \cdot \operatorname{tg}\varrho$
1 Courbe intrinsèque; *2* Pente du versant

Spannungskreis	α	δ	Kriechen
1	$\frac{\pi}{2} - \frac{\beta}{2} = 75^0$	0	instabil
2	$\frac{\pi}{2} - \beta = 60^0$	$\beta = 30^0$	
a = aktiver Grenzzustand	54^0	42^0	
3	$\frac{\pi}{4} = 45^0$	$\frac{\pi}{2} - \beta = 60^0$	stabil
4	$\frac{\pi}{4} - \frac{\beta}{2} = 30^0$	$\frac{\pi}{2} = 90^0$	
p = passiver Grenzzustand	17^0	116^0	
5	$\frac{\pi}{4} - \beta = 15^0$	$\frac{\pi}{2} + \beta = 120^0$	instabil
6	$\frac{3\pi}{8} - \frac{\beta}{2} = 75^0$	$\frac{3\pi}{4} = 135^0$	

Die Winkel, welche die großen Hauptspannungen σ_{Ia} und σ_{Ip} der Grenzzustände mit den Böschungsparallelen einschließen, sind in den Anlagen 7—9 mit α_a und α_p bezeichnet. Sie hängen von den Kennwerten der Bruchlinie (ϱ und c) ab.

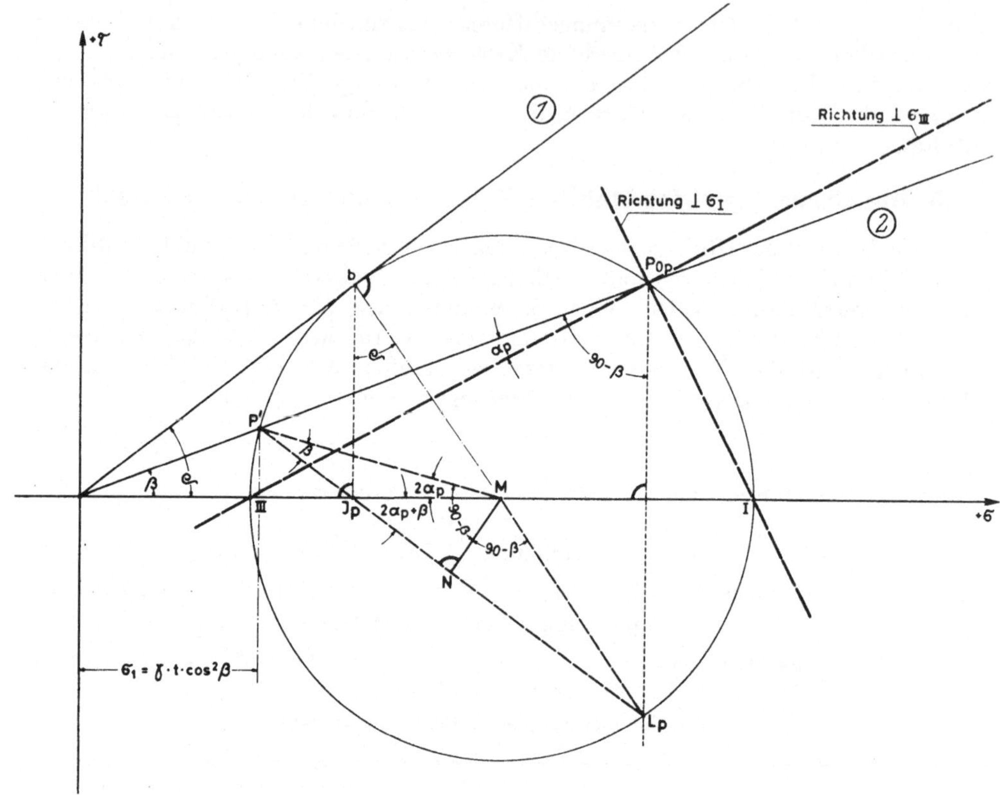

Abb. 10. Ermittlung der Grenzwinkel α_a und α_p für $c = 0$

1 Mohrsche Hüllkurve; *2* Böschungslinie

Determination of the limit angle α_a und α_p für $c = 0$

1 Rupture line; *2* slope inclination

Détermination des angles limites α_a et α_p pour $c = 0$

1 Courbe intrinsèque; *2* Pente du versant

Für $c = 0$ (siehe Abb. 7 und 8) und lineare Bruchbedingung lassen sich diese Winkel aus den Winkelbeziehungen nach Abb. 10 (passiver Grenzzustand) ausrechnen. Man erhält aus Dreieck $J_p MN$ und Dreieck $P' MN$

$$\overline{MN} = \frac{\sigma_I - \sigma_{III}}{2} \sin\beta = \frac{\sigma_I - \sigma_{III}}{2} \sin\varrho \sin(2\alpha + \beta)$$

$$\frac{\sin\beta}{\sin\varrho} = \sin(2\alpha + \beta). \tag{8}$$

Die gleiche Beziehung ergibt sich für den aktiven Grenzzustand. Aus Gl. (8) folgt

$$2\alpha = \arcsin\frac{\sin\beta}{\sin\varrho} - \beta. \tag{9}$$

Die Gl. (9) hat auf Grund der Doppeldeutigkeit des arc sin für Werte zwischen 0 und π zwei Lösungen, deren eine dem aktiven Grenzwinkel α_a und deren andere dem passiven Grenzwinkel α_p zugeordnet ist. Für $c \neq 0$ lassen sich die Grenzwinkel α_a und α_p der Hauptspannungsrichtungen in Punkt P graphisch ermitteln (siehe Abb. 9).

Auf Grund der für die Schicht gültigen kinematischen Bedingungen stehen die Winkel α_a und α_p mit der Richtung des Kriechens in Beziehung. Den Zusammenhang liefert Gl. (3) in der Form

$$\delta_{a/p} = \pi - 2\,\alpha_{a/p} - \beta \tag{10}$$

d. h. daß auch dem aktiven und passiven Grenzzustand in der geneigten Schicht bestimmte Kriechrichtungen zugeordnet sind. Für die Beispiele der Abb. 7—9 sind die zu den Grenzzuständen des Gleichgewichtes gehörigen Kriechrichtungen durch starke Umrandung in den beigefügten Tabellen hervorgehoben. Kleinere Winkel als δ_a bzw. größere als δ_p können nicht auftreten. Spätestens für diese Winkel gelten die bekannten Feststellungen über die Grenzzustände des Gleichgewichtes und die Gleitlinienfelder im schiefbegrenzten Halbraum[15].

6. Der Ruhedruck in der geneigten Schicht

Bei den obigen Betrachtungen wurde vorausgesetzt, daß in den Richtungen senkrecht zur Bildebene keine Bewegungen oder Verformungen auftreten (ebenes Problem). In dieser Richtung herrscht also Ruhe und die in diese Richtung weisende Hauptspannung σ_{II} ist damit auch identisch mit dem „Ruhedruck". Setzt man Proportionalität zwischen Spannungs- und Formänderungszustand, die für kleine Formänderungen wenigstens annähernd erfüllt sein dürfte, und damit die Gültigkeit des Überlagerungsprinzips voraus, dann läßt sich für die verhinderte Bewegung in Richtung der 2. Hauptspannung analog zur Elastizitätstheorie anschreiben[7, 11]:

$$O = \frac{1}{E'}\left[\sigma_{\mathrm{II}} - \frac{1}{m'}\left(\sigma_{\mathrm{I}} + \sigma_{\mathrm{III}}\right)\right] \tag{11}$$

wenn E' und m' hier die Verformungskonstanten einer beliebig gearteten Verformung in Analogie zu den elastischen Konstanten des Elastizitätsmoduls E und der Querdehnungszahl m bedeuten. Es folgt dann:

$$\sigma_{\mathrm{II}} = \frac{1}{m'}\left(\sigma_{\mathrm{I}} + \sigma_{\mathrm{III}}\right). \tag{12}$$

Mit den Gln. (6) erhält man:

$$\sigma_{\mathrm{II}} = \frac{\gamma \cdot t}{m'}\left[1 - \frac{\sin(\delta - \beta)}{\sin(\delta + \beta)}\right] \tag{13}$$

d. h. auch die mittlere Hauptspannung — der „Ruhedruck" — hängt außer von der Querdehnung des Materials und der Böschungsneigung von der jeweiligen Kriechrichtung ab.

Als „Ruhedruckbeiwert" der geneigten kriechenden Schicht $\lambda_{\beta\delta}$ wird der Verhältniswert dieser 2. Hauptspannung und der großen Hauptspannung definiert[14]. Aus Gln. (13) und (6 a) erhält man

$$\frac{\sigma_{\mathrm{II}}}{\sigma_{\mathrm{I}}} = \lambda_{\beta\delta} = \frac{2}{m'}\,\frac{\sin(\delta + \beta) + \sin(\delta - \beta)}{\sin(\delta + \beta) + \sin(\delta - \beta) + \sin 2\beta}. \tag{14}$$

Andererseits ist als Ruhedruck im eigentlichen Sinn jener spezielle Zwischenzustand zu bezeichnen, der die Spannungszustände der aktiven Eigengewichtswirkungen (Auflockerung, Streckung) von jenen der passiven Eigengewichtswirkungen (Verdichtung, Stauchung) scheidet, wobei der Übergang zwischen diesen Zuständen kontinuierlich erfolgt. Nach Ziffer 4.3 tritt dieser spezielle Zustand für $\delta = \frac{\pi}{2} - \beta$ (schichtparalleles Kriechen; $\alpha = \frac{\pi}{4}$) ein. Setzt man diesen Wert in Gl. (14) ein, so folgt:

$$\frac{\sigma_{II}}{\sigma_I} = \lambda_\beta = \frac{2}{m'} \cdot \frac{1}{1 + \operatorname{tg} \beta}. \tag{15}$$

Die Querdehnungszahl m' läßt sich für den Bruchzustand ($\beta = \varrho$) mit ϱ in Beziehung bringen. Aus Abb. 4 ergibt sich bekannterweise für den Sonderfall $c = 0$; $\beta = \varrho$ (Bruchzustand in kohäsionslosem Material), daß die beiden Spannungskreise des aktiven und passiven Grenzzustandes zusammenfallen. Dann muß also auch der Spannungszustand der Ruhe identisch mit diesem Spannungszustand werden, woraus sich die Bedingung

$$\lambda_{\beta=\varrho} = \frac{1 - \sin \varrho}{1 + \sin \varrho} = \frac{2}{m'} \cdot \frac{1}{1 + \operatorname{tg} \varrho}$$

ergibt. Daraus errechnet sich die — zunächst nur für den Bruchzustand und für kohäsionsloses Material gültige — Querdehnungszahl

$$m' = \frac{2}{1 + \operatorname{tg} \varrho} \cdot \frac{1 + \sin \varrho}{1 - \sin \varrho}. \tag{16}$$

Mit diesem Wert folgt aus Gl. (15) näherungsweise für den Ruhedruckbeiwert bei geneigter Oberfläche:

$$\lambda_\beta \cong \frac{1 - \sin \varrho}{1 + \sin \varrho} \cdot \frac{1 + \operatorname{tg} \varrho}{1 + \operatorname{tg} \beta}. \tag{17}$$

Für horizontale Geländeoberfläche ($\beta = 0$) ergibt sich

$$\lambda_0 \cong \frac{1 - \sin \varrho}{1 + \sin \varrho} (1 + \operatorname{tg} \varrho). \tag{18a}$$

Diese Gleichung weicht nur unwesentlich von der J a k y s ab, der auf anderem Weg[14] für den Ruhedruckbeiwert bei horizontaler Oberfläche fand:

$$\lambda_0 \cong \frac{1 - \sin \varrho}{1 + \sin \varrho} \left(1 + \frac{2}{3} \sin \varrho\right). \tag{18b}$$

Setzt man in Gl. (17) für $\operatorname{tg} \varrho \cong \sin \varrho$ und für $\operatorname{tg} \beta \cong \sin \beta$, so ergibt sich

$$\lambda_\beta \sim \frac{1 - \sin \varrho}{1 + \sin \beta}. \tag{19}$$

Dieser von F r a n k e[4] als „naheliegende Annahme" vorgeschlagene Ansatz für den Ruhedruckbeiwert bei geneigter Geländeoberfläche folgt auch unmittelbar aus

Gl. (14), wenn man dort für die Richtung einer virtuellen Verschiebung des Punktes P den Wert $\delta = \frac{\pi}{2}$ (horizontales Kriechen) einsetzt. Der Unterschied der Spannungszustände für schichtparalleles und horizontales Kriechen ist umso geringfügiger, je flacher die Böschung geneigt ist. Der Ansatz von Franke — Gl. (19) — rechtfertigt sich also im Rahmen obiger Voraussetzungen und verbindet den Vorzug der Einfachheit mit hinreichender Genauigkeit. Im übrigen gelten die Feststellungen über den Ruhedruck in [2], [4] und [14].

7. Schluß

Es versteht sich von selbst, daß die Folgerungen aus einer kinematischen Betrachtungsweise nicht allen Anforderungen gerecht werden können. Sie hat zwar einerseits eine gewissermaßen übergeordnete Gültigkeit, weil sie keine speziellen Spannungs-Verformungsbeziehungen benutzt; die ihr zugrunde liegenden einschneidenden Vereinfachungen (unendlich lange Schicht, Rankinescher Spannungszustand, parallele Kriechvektoren, kontinuierliches Kriechprofil, ausgeschlossene Gleitung der Schicht, lineare Bruchbedingungen usw.) schränken jedoch andererseits wieder ihre Gültigkeit für praktische Nutzanwendungen soweit ein, daß ihre Ergebnisse zunächst nur qualitativ gewertet werden können. Sieht man von den besonderen Spannungszuständen der Ruhe ab, so ist insbesondere zu beachten, daß diese Betrachtungen streng genommen nur für einen Momentanzustand, d. h. nur für eine kleine Verschiebung des betrachteten Punktes P, gelten und daß sich nicht nur die Spannungszustände durch das Kriechen fortlaufend verändern, sondern daß gerade im witterungsbeeinflußten Oberflächenbereich einer natürlichen Böschung auch die Festigkeitsbedingungen eine zeitabhängige Veränderung erfahren.

Immerhin ist diese kinematische Betrachtungsweise geeignet, die in der geneigten kriechenden Schicht auftretenden Bewegungen zu interpretieren und den möglichen Bereich des „stabilen Kriechens“ gegen die beiden instabilen Bereiche des aktiven und passiven Grenzzustandes hin abzugrenzen. In ihrem Beitrag zum Problem des Ruhedruckes der geneigten Schicht und zur qualitativ begrifflichen Klärung der Vorgänge in der geneigten kriechenden Schicht liegt damit ihr besonderer Wert für weitere Untersuchungen über das Kriechen und den Ruhedruck in Böschungen.

Diese kinematische Betrachtungsweise, die wir Haefeli[6, 8, 11, 12] verdanken, zeigt insbesondere die wichtige Rolle auf, die dem Kriechprofil und der Kriechrichtung zukommt. Es erscheint deshalb angezeigt, neben der Bewegungsgeschwindigkeit auch diesem Kriechprofil bei den Beobachtungen und Messungen an kriechenden Böschungen mehr Aufmerksamkeit zu widmen.

Literatur

[1] Beaujoint, N., and A. Martin: Observation du comportement d'un talus naturel. I. Kongr. Intern. Gesellsch. f. Felsm., 6.4, Lissabon 1966.

[2] Bishop, A. W.: Test Requirements for Measuring the Coefficient of Earth Pressure at Rest. Proc. Brüssels Conf. 58 on Earth Pressure Problems, Vol. I, Brüssel 1958.

[3] Breth, H.: The Dynamics of a Landslide Produced by Filling a Reservoir. 9. Congr. Grands Barrages, Q 32, R 3, Istambul 1967.

[4] Frank, E.: Der Ruhedruck der kohäsionslosen Böden im ebenen Fall. Bautechnik *44*, H. 2, 1967.

[5] Haefeli, R.: Mechanische Eigenschaften von Lockergesteinen. Schweiz. Bauzeitung *111*, 24/26, 1938.

[6] Haefeli, R.: Schneemechanik mit Hinweisen auf die Erdbaumechanik. Beitr. Geologie Schweiz., Geotechn. Serie 3, 1939.

[7] Haefeli, R.: Spannungs- und Plastizitätserscheinungen der Schneedecke. Schweiz. Archiv f. angewandte Wissenschaft und Technik *8*, H. 9—12, 1942.

[8] Haefeli, R.: Erdbaumechanische Probleme im Lichte der Schneeforschung. Schweiz. Bauzeitung *123*, 1944.

[9] Haefeli, R.: Zur Erd- und Kriechdrucktheorie. Mitt. Versuchsanstalt Wasserbau ETH, *9*, Zürich **1945**.

[10] Haefeli, R.: Investigation and Measurements of the Shear Strength of Saturated and Cohesive Soils; Geotechnique, June 1951.

[11] Haefeli, R.: Considérations sur la pente critique et le coefficient de pressions au repos de la couverture de neige. Publication No. 69 de Assoc. Intern. Hydrol. Scientifique Gentbrugge, 1966.

[12] Haefeli, R.: Kriechen und progressiver Bruch in Schnee, Boden, Fels und Eis. Schweiz. Bauzeitung *85*, H. 1, 1967.

[13] Haefeli, R., Ch. Schaerer, and G. Amberg: The Behaviour under the Influence of Soil Creep Pressure of the Concrete Bridge Built at Klosters Switzerland. Proc. 3, Int. Conf. Soil Mech., II, Switzerland 1953.

[14] Jaky, I.: Die Ruhedruckziffer. Budapest 1944. Siehe in:
Kezdy, A.: Erddrucktheorien. S. 37 und 148—151. Berlin: Springer. 1962.

[15] Jelinek, R.: Grenzzustände des Gleichgewichtes und Gleitlinienfelder im schiefbegrenzten Halbraum. Dissertation, Wien 1943; siehe auch: Bauwissenschaft, *4*, 1947.

[16] Krsmanovič, D., and Z. Langof: Large Scale Laboratory Test of the Shear Strength of Rocky Material. Felsmech. u. Ing.-Geol., Suppl. I, 1964, und Krsmanovič, D., M. Tufo, and Z. Langof: Shear Strength of Rock Masses and Possibilities of its Reproduction on Models. I. Kongr. Intern. Gesellsch. f. Felsm., 3.52, Lissabon 1966.

[17] Lanser, O.: Felsstürze und Hangbewegungen in der Sicht des Bauingenieurs. Felsmech. u. Ing.-Geol. *V*, H. 1, 1967.

[18] Lauffer, H., E. Neuhauser, and W. Schober: Uplift Responsible for Slope Movements during the Filling the Gepatsch Reservoir. 9. Congr. Grands Barrages, Q 32, R 41, Istambul 1967.

[19] Müller, L.: Die Standsicherheit von Felsböschungen als spezifisch geomechanische Aufgabe. Felsmech. u. Ing.-Geol., *I*, H. 1, 1963.

[20] Müller, L.: The Rock Slide in the Vajont Valley. Felsmech. u. Ing.-Geol. *II*, H. 3-4, 1964.

[21] Müller, L.: Der progressive Bruch in geklüfteten Medien. I. Kongr. Intern. Gesellsch. f. Felsm., 3.74, Lissabon 1966.

[22] Nye, J. F.: The Flow of Glaciers and Ice Sheets as a Problem in Plasticity. Proc. Roy. Sol., London, Serie A 207, 1951.

[23] Nye, J. F.: The Mechanics of Glacier Flow. Journ. of Glaciol. *2*, 1952.

[24] Orowan, E.: Joint Meeting of the British Glaciol. Society, the British Rheologist Club and the Institut of Metals on: "The Flow of Ice and other Solids". Journ. Glaciol. *1*, 1949.

[25] Pacher, F.: Beitrag zum Mechanismus der Bruchbildung in geklüfteten Medien. I. Kongr. Intern. Gesellsch. f. Felsm., 3.34, Lissabon 1966.

[26] Rankine, W. J. M.: On the Stability of Loose Earth. Phil. Trans. Roy. Soc., 147, London 1857.

[27] Skempton, A. W.: Rankine-Lecture: Long-Term Stability of Clay Slopes. Geotechn. *XIV*, Vol. 2, 1964.

[28] Stini, J.: Unsere Täler wachsen zu. Geol. u. Bauwesen *13*, 1941.

[29] Ter-Stepanian, G.: Über den Mechanismus des Hakenwerfens. Felsmech. u. Ing.-Geol. *III*, 1965.

[30] Terzaghi, K. von: Mechanisme of Landslide. Geol. Soc. Am., Eng.-Geol., Berkey, Nov. 1950.

[31] Terzaghi, K., und R. Jelinek: Theoretische Bodenmechanik. Berlin: Springer. 1953.

[32] Ziegler, H.: Methoden der Plastizitätstheorie in der Schneemechanik. ZAMP *14*, 1963.

Anschrift des Verfassers: Dr.-Ing. Helmut J. Körner, Bayerisches Geologisches Landesamt München, Prinzregentenstraße 28, D-8 München.

Aussprache

I. Begriffe

Elastisch — plastisch — viskos — Fließen — Kriechen

Dr. Dreyer: Von Ihnen, Herr Zischinsky, wurde das Bestreben angesprochen, komplexe Großbereiche in rheologische Strukturelemente (Grundkörper) aufzulösen, wobei Sie eine schematische Übersicht über die kontinuierlichen Grundreaktionen beanspruchter Körper gegeben haben. In diesem Zusammenhang wurde von Ihnen der Begriff des „elastischen Fließens" geprägt, den ich nicht verstanden habe und den ich zu erläutern bitte.

Wie schwierig eine Reduktion von Großbereichen (höherer Ordnung) auf entsprechende Unterbereiche sein kann, möge ein Beispiel aus der Kristallphysik erläutern: Einer der schwächsten Punkte der heutigen Theorie der Kristallplastizität ist die mangelnde Kenntnis der Grundstruktur der unverformten Einkristalle. Unter Grundstruktur versteht man die Anordnung der Versetzungen vor Beginn der Verformung, welche die Zahl der bei der Verformung erzeugten Versetzungen und damit den Grad der zu erwartenden Verfestigung wesentlich mitbestimmt. Bisher ist es nicht möglich, quantitative Angaben über die veränderliche Grundstruktur aus den Bedingungen abzuleiten, die beim Kristallwachstum geherrscht haben.

Eine Ableitung des rheologischen Verhaltens des Gesamtkomplexes aus seinen Untereinheiten ist gewiß nicht minder schwierig; ist doch auch die rechnerische Erfassung des Verfestigungsverhaltens polykristalliner Aggregate aus der Verfestigungscharakteristik der Einzelindividuen bis heute nicht gelungen. Die Schwierigkeit liegt allein darin, daß die Korngrenzen Reihen von flächenhaften Versetzungen darstellen, deren Beschreibung mit statistischen Hilfsmitteln nicht möglich ist. Hier liegt die gleiche Diskrepanz vor, auf die Herr Müller in Trier hingewiesen hat: Funktionelle Gesetzmäßigkeiten lassen sich nur in den statistisch erfaßbaren Teilbereichen der von ihm aufgestellten Ordnungsskala aufstellen, an den diskontinuierlichen Übergangsbereichen jedoch nicht.

Dr. Zischinsky: Für die Frage, was elastisches Fließen ist, bin ich als Geologe nicht zuständig. Diesen Begriff habe ich aus der Physik bzw. der Technischen Mechanik übernommen. Der Sprachgebrauch der Technischen Mechanik ist gewiß in diesen Fragen sehr uneinheitlich und verwirrend. Ich habe daher versucht (siehe Abb. 1), die verschiedenen Wörter und Begriffsinhalte, die mir in diesem Zusammenhang begegnet sind, zusammenzustellen und in Beziehung zu setzen.

Ausgangspunkt ist die Feststellung, daß das Verhalten eines Körpers in einem Augenblick beschrieben werden kann durch drei Begriffspaare: reversible und irreversible Deformation — zeitabhängige und zeitunabhängige Deformation — Mindestbelastung und Deformation bei Last größer Null. Dazu kommt dann noch die Veränderung dieses augenblicklichen Verhaltens in der Zeit; da dürfte das Vokabular wieder klarer sein, weil sich wegen der zunehmenden Schwierigkeiten von vornherein exakte Begriffe eingebürgert haben.

Zunächst das Wort *elastisch:* Gewöhnlich verstehen wir darunter eine reversible Verformung, die keine Mindestbelastung erfordert und zeitunabhängig ver-

z.a.
irr.
$P_0>0$
j
z.a.
irr.
$P_0>0$
z.u.
g
z.a.
irr.
$P_0>0$
rev.
$P_0=0$
i
$P_0>0$
irr.
z.u.
h
z.a.
irr.
1
2
rev.
z.u.
a
z.a.
$P_0>0$
z.u.
$P_0=0$
f
z.a.
rev.
$P_0=0$
d
rev.
z.u.
$P_0=0$
c
z.a.
rev.
z.u.
$P_0=0$
b
z.a.
$P_0>0$
rev.
z.u.
$P_0=0$
e

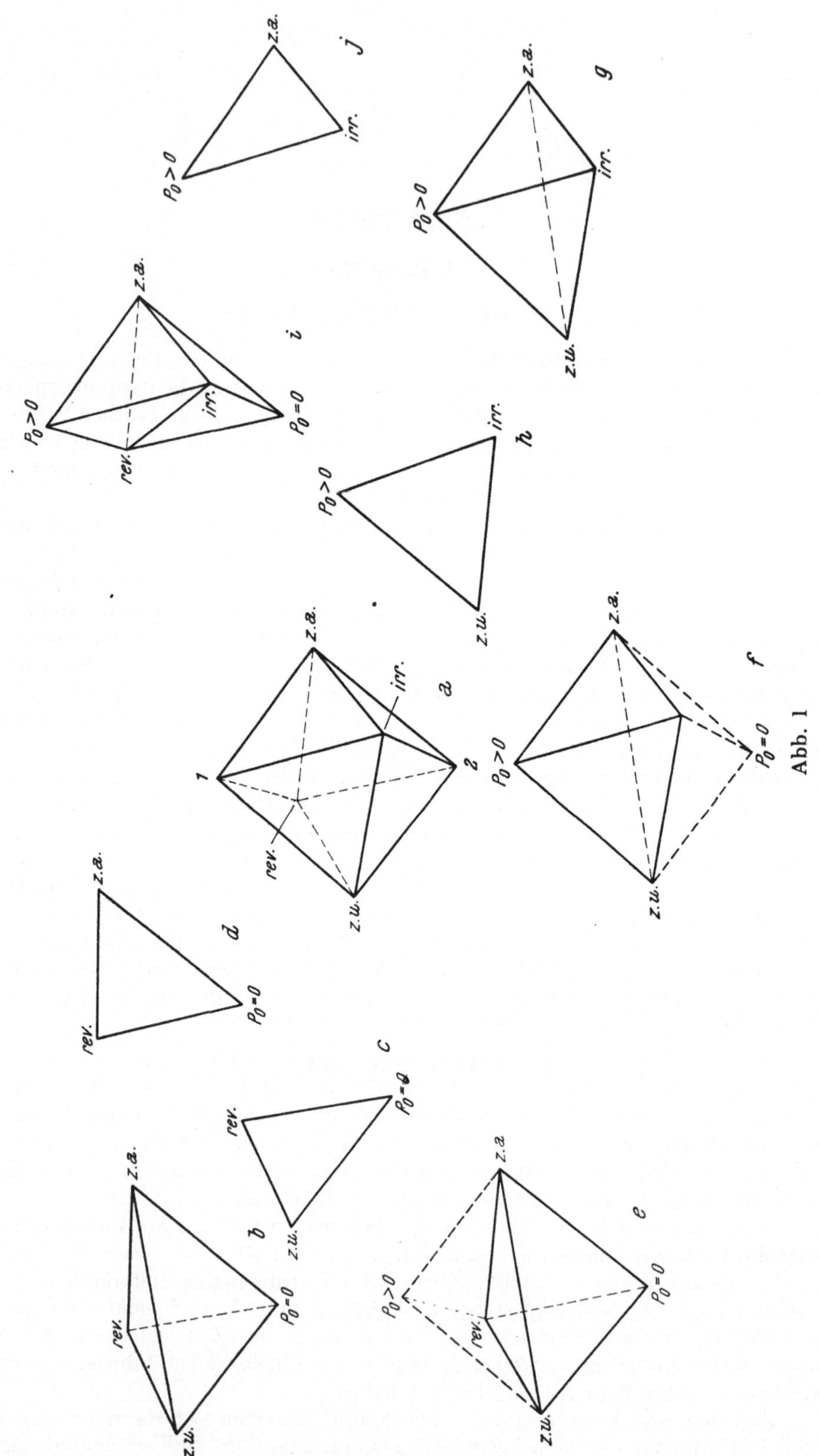

Abb. 1

läuft (elastisch im engeren Sinne). In der Literatur finden sich aber eben auch die Ausdrücke „elastisches Fließen“ oder „viskoelastisches Verhalten“. Meines Erachtens können wir diesen Wörtern nur den im Schema angedeuteten Begriffsumfang zuordnen: reversibel und zeitabhängig; wobei dann allgemein angenommen wird, daß die natürlichen Stoffe, die sich so verhalten, keine Mindestbelastung benötigen. Der Begriff „elastisch“ hat also auch eine weitere Fassung, in der das zeitabhängige Verhalten inbegriffen ist (nicht linear elastisch). Und in einer noch allgemeineren Weise wird das Wort elastisch häufig synonym mit reversibel verwendet.

Über die Frage von Herrn Dreyer hinausgehend möchte ich darauf hinweisen, daß bei dem Wort *plastisch* eine ganz ähnliche Verwirrung herrscht. Im allgemeinen Sprachgebrauch bedeutet es einfach irreversibel, wobei der Fall für $P_0 = 0$ einfach als Sonderfall aufgefaßt wird. Und auch hier läßt sich „plastisch“ im engeren Sinne von „viskoplastisch“ abtrennen.

Ganz besonders uneinheitlich ist aber die Bezeichnung *zeitabhängiger* Deformationen, die wir allgemein als Fließen beschreiben. Das Wort viskos bedeutet zähe, und als viskose Flüssigkeit beschreibt man zunächst lediglich reale Flüssigkeiten im Gegensatz zur Pascalschen Flüssigkeit. Es stimmt mit dieser Bedeutung des Wortes viskos daher noch halbwegs überein, wenn es in den Zusammensetzungen viskoelastisch, viskoplastisch usw. verwendet wird in der Bedeutung von zeitabhängig, von Fließen.

Es finden sich aber auch ganz andere Definitionen: Reiner (1958) unterscheidet das viskose Fließen vom plastischen Fließen und versteht darunter zeitabhängige irreversible Deformationen, die bei jeder Last größer Null auftreten ($P_0 = 0$ — viskoses Fließen) bzw. erst bei einer gewissen Mindestbelastung ($P_0 > 0$ — plastisches Fließen). Im Gegensatz dazu der Kristallphysiker Seeger (1958): Plastisch ist die bleibende Verformung kristalliner Körper und viskos ist die bleibende Verformung amorpher Körper. Das wird in vielen Fällen mit den Definitionen Reiners übereinstimmen; in vielen Fällen aber auch nicht. Und dann entstehen unübersichtliche Begriffe wie „quasiviskoses Fließen kristalliner Stoffe“.

Zusammenfassend läßt sich also sagen, daß die Verwendung der Grundbegriffe elastisch, plastisch, viskos und ihrer Zusammensetzungen sehr uneinheitlich ist. Es werden durchaus unterscheidbare Verhaltensweisen mit denselben Wörtern beschrieben, umgekehrt auch gleiche Verhaltensweisen mit verschiedenen Wörtern belegt,

---

Abb. 1. Die kontinuierlichen Grundreaktionen der Körper auf Belastung. a) Schema, *1* Mindestbelastung: $P_0 > 0$, *2* $P_0 = 0$: Reaktion bei jeder Last > 0, rev. = reversibel, irr. = irreversibel, z. a. = zeitabhängig, z. u. = zeitunabhängig; b) nicht linear elastisch; c) linear elastisch; d) visko-elastisch; e) elastisch im Sinne von reversibel bruchlos; f) plastisch im Sinne von irreversibel bruchlos; g) nicht linear plastisch; h) linear plastisch; i) viskos im Sinne von Fließen; j) plastisch viskos

The continuous basic reactions of bodies to loads. a) scheme, *1* yield limit $P_0 > 0$, *2* $P_0 = 0$: reaction under every load > 0, rev. = reversible, irr. = irreversible, z. a. = time dependent, z. u. = time independent; b) not linear elastic; c) linear elastic; d) visco-elastic; e) elastic in the sense of reversible without rupture; f) plastic in the sense of irreversible without rupture; g) not linear plastic; h) linear plastic; i) viscous in the sense of flow; j) plastic viscous

Les continuelles réactions fondamentales des corps aux charges. a) schéma, *1* limite de fluage: $P_0 > 0$, *2* $P_0 = 0$: réaction sous chaque charge > 0, rev. = reversible; irr. = irreversible; z. a. = dépendant de temps, z. u. = indépendant de temps; b) non-linéaire élastique; c) linéaire élastique; d) visco-élastique; e) élastique dans le sens: reversible sans rupture; f) plastique dans le sens: irreversible sans rupture; g) non-linéaire plastique; h) linéaire plastique; i) visqueux dans le sens de fluage; j) plastique visqueux

und darüber hinaus haben manche Verformungstypen überhaupt keinen Namen. Diese Wörter eignen sich daher nur zur groben Abgrenzung großer Gruppen von Bewegungstypen, die man ja irgendwie bezeichnen muß. Für eine exakte Verständigung beziehen wir uns aber besser auf die Modellkörper der Rheologie.

Dr. Langer: Ich darf zur Frage von Herrn Dr. Dreyer bemerken, daß es möglich ist, auch die von einer Sprengstelle im Kontinuum (also etwa einer Störung im geologischen Sinne) ausgehenden Spannungen und Verformungen funktionell zu erfassen (siehe Langer, 1966).

Prof. Müller: Die Begriffsverwirrung, die Herr Zischinsky mit Recht gegeißelt hat, ist nicht in allen Dingen grundsätzlicher Natur, sondern entstand vorwiegend durch höchst nachlässigen Wortgebrauch. Ordnet man nämlich in exakter Weise die Begriffe elastisch — unelastisch den Stoffen, die Begriffe rückläufig — unrückläufig (reversibel — irreversibel) den Deformationen zu, dann wird alles sofort viel klarer (Müller, 1963). Daß man die elastischen Nachwirkungen in den Begriff elastisch miteinbezieht, bedeutet durchaus keine unerlaubte Erweiterung dieses Begriffes, insoferne diese Nachwirkungen wirklich rückläufig (rückfedernd) sind. Sie beschreiben den Zeiteinfluß, welcher mit den Begriffepaaren elastisch — plastisch und rückläufig — unrückläufig nicht kollidiert und nicht kollidieren kann, da er einer anderen Dimension angehört.

Wir haben nichts anderes zu tun, als sauber, wie es die Gefügekunde anstrebt, Verformungen und Materialwiderstände, also Kinematisches und Kinetisches, auseinanderzuhalten und für Fließen im kinematischen Sinn (als Beschreibung von Formänderungsabläufen) unmißverständlich das Fließen im mechanischen Sinne (als Beschreibung weiterer Lastaufnahme bei andauernder Verformung) zu trennen.

Dr. Zischinsky: Die Versetzung ist in einer ganz bestimmten Weise definiert, zunächst für Probleme des Kristallbereiches (siehe Kröner, 1958). Und ich möchte deshalb sehr bezweifeln, daß wir im allgemeinen Fall unsere geologischen Diskontinuitäten als Versetzungen im definierten Sinne bezeichnen können. Des weiteren hat die Versetzungstheorie, zumindest bei Kröner, auch ein ideal elastisches Verhalten zur Voraussetzung und auch diese Voraussetzung müssen wir bei einer Übertragung der Versetzungstheorie in die Felsmechanik erst einmal überprüfen.

Prof. Haefeli: Ich möchte zuerst Herrn Leipholz danken für die klaren Definitionen und Begriffe, die er uns nahegebracht hat. Nicht immer wird von Seiten der Glaziologen voll erkannt, wie weitgehend die Gebiete der Glaziologie und der Rheologie verwandt sind. Es besteht deshalb die Gefahr, daß rheologisch nicht exakte Begriffe in die Beschreibung hineinkommen und Verwirrung stiften. Um nicht beim allgemeinen zu bleiben, möchte ich eine Frage an Herrn Leipholz richten hinsichtlich des Fließgesetzes für Eis. Ich denke immer wieder an den verstorbenen Professor Niggli, der darauf hinwies, daß wir die Verformung des Eises analog der Warmverformung der Metalle betrachten sollen. Das Eis ist ja selbst in der Arktis und in der Antarktis dem Schmelzpunkt verhältnismäßig nahe. In den Alpen, bei den temperierten Gletschern, liegt die Eistemperatur genau am Druck-Schmelzpunkt. Andererseits sind Firn und Eis auch als Schichtgestein zu betrachten, denn effektiv entsteht das Gletschereis aus kleinen Schneeschichten; diese Analogie ist ohne weiteres berechtigt. Nun meine Frage: Ist es richtig, das Eis als einen visko-elastischen Körper zu bezeichnen? Dabei ist mir schon klar, daß diese Bezeichnung unvollständig ist, weil das Fließgesetz des Eises nicht linear ist, sondern einer Kurve folgt. Wenn ich richtig verstanden habe, so wäre eigentlich diese Beschreibung nach Norton zutreffender, aber ich bin da nicht ganz sicher. Welche Bezeichnung würden Sie, Herr Leipholz, für Eis vorschlagen?

Prof. Leipholz: Sicher darf man in erster Näherung beim Eis von plastischem oder visko-elastischem Verhalten sprechen. Durch den Vortrag von Herrn Zischinsky sind wir aber gerade darauf aufmerksam gemacht worden, daß es bei der Auswahl der Stoffgesetze darauf ankommt, welchen Zweck man verfolgt. Das wird auch im Zusammenhang mit dem Eis zutreffen: Man muß das Gesetz der Erscheinung entsprechend auswählen, die man beschreiben will. So ist es mir beispielsweise bekannt, daß Prof. Ziegler das Eis sowohl als plastischen als auch als visko-elastischen Körper behandelt hat.

Will man schließlich dazu übergehen, die Beschreibung des Eises zu vertiefen und zeitunabhängige sowie nichtlineare Erscheinungen zu berücksichtigen, so besteht dazu ebenfalls die Möglichkeit: man muß nur die von mir dargestellten elementaren rheologischen Gesetze dadurch erweitern, daß man Nichtlinearitäten und Ableitungen höherer Ordnung in sie aufnimmt. Auf die Notwendigkeit und Zweckmäßigkeit eines solchen Vorgehens hat Herr Körner hingewiesen. Allerdings hat man dann auch das Auftreten größerer mathematischer Schwierigkeiten in Kauf zu nehmen.

Dr. Langer: Bei einem nichtlinearen Gesetz der Form $\varepsilon = a \cdot \sigma^n$ fällt auf, daß die Gleichung nicht dimensionsgerecht ist bzw. daß die Stoffkonstante a keine Konstante im üblichen Sinne ist, sondern daß ihre Dimension eine Funktion von σ^n ist.

Prof. Brockamp: Zusammen mit Herrn Haefeli und Herrn Müller habe ich in Zürich überlegt, daß es eigentlich nottäte, einmal ein Naturobjekt nach allen Richtungen zu untersuchen. Dazu böte sich das Inlandeis an, doch das ist weit weg; aber auch Gletscher großer Mächtigkeiten könnten wir in einem kombinierten Programm a) geologisch, b) gefügekundlich, c) physikalisch (Spannungen und Bewegungen), d) geophysikalisch (Mächtigkeiten, Auflockerungsschicht, Anisotropie) untersuchen. Ich glaube, wir würden eine Reihe physikalischer Größen sauber messen können und würden so an einem naturgegebenen Beispiel, welches primär den Eindruck homogenen Materials macht, in Wahrheit aber zugleich bereichsweise ein Diskontinuum ist, das brechende (Spalten!) und zugleich fließende (— man glaubt in einem Salzstock zu sein —) Verhalten studieren können. Wenn ein Gletscher fließt, paust er die Unebenheiten des Untergrundes in vollkommener Weise durch, so daß man von der Morphologie der Oberfläche auf den Untergrund zurückschließen und den Durchgang durch ein Deformationsfeld beobachten kann.

Die Geologie hat ja nicht immer die Möglichkeit, in ihrer Rückschau Abläufe und resultierende Phänomene einander eindeutig zuzuordnen. Sie kann auf Grund rezenter Erscheinungen nicht sagen, ein Vorgang sei so oder so abgelaufen. Bestenfalls kann gesagt werden, nach Auffassung dieser und jener Schule kann es so gewesen sein. Zum anderen bin ich ganz Ihrer Meinung, daß es selbstverständlich unterschiedliche Bereiche im Gletscher gibt. Brüche sind etwas anderes als das normale Fließen. Aber es wäre schon viel erreicht, wenn man in einem weiten Gebiet, das noch keine gewaltigen Bruchvorgänge durchmachte, alles zu erfassen suchte, was man nur erfassen kann; dazu aber bedarf es wirklich der Zusammenarbeit aller beteiligten Disziplinen.

Prof. Müller: Ich möchte den Vorschlag von Herrn Brockamp, häufiger als bisher Erfahrungen, Standpunkte und Methoden der Eismechanik und der Felsmechanik zu tauschen und wechselseitig zu verwerten, lebhaft aufgreifen. Vielleicht ist mancher über diesen Vorschlag verwundert; aber Eis ist tatsächlich ein Material, das einerseits mit dem Fels vieles gemeinsam hat — es verhält sich mitunter wie ein starrer Körper, ist geklüftet, reagiert auf Kluftwasserschub usw. —, andererseits aber auch rheologische Eigenschaften besitzt. So wichtig diese im Fels sind, so schwer können wir sie studieren und so schwierig im Modell nachahmen, weil der Zeitmaßstab so groß ist. Beim Experimentieren mit Eis und bei der Beobachtung von Eis in der Natur aber sehen wir rheologische Verhaltensweisen des Felsens sozusagen im Zeitraffer ablaufen.

Unsere letzten Karlsruher Studien über die Vajont-Rutschung haben uns gezeigt, wie wichtig es wäre, Felsrutschungen als Kriechphänomene verstehen zu lernen. Unser Versuch, die Kriechkurve im Sinne von Haefelis Untersuchungen an kriechendem Schnee auf ein Beispiel im Fels zu übertragen, war sicherlich gewagt, weil es im Fels eine Neigung des Kriechvektors infolge Zusammendrückens der kriechenden Schicht wie beim Schnee gar nicht gibt; trotzdem haben sich Kriechkurven aus den Meßbeobachtungen ableiten lassen und die Möglichkeit gegeben, sich über die Spannungszustände im Rutschkörper und über die Stellung der für dessen Dynamik so wichtigen Sekundärbrüche zu unterrichten. Die Stellung der Sekundärbrüche stimmte genau mit den in der Natur beobachteten Stellungen überein. Das schon früher herangezogene Bild einer gletscherartigen Bewegung wurde damit noch verdeutlicht. Das Beispiel kann zeigen, wie ähnlich trotz aller Materialverschiedenheiten Kriechvorgänge in einem großen Felskörper denen in einem Eiskörper sein können.

Prof. Haefeli: Zunächst möchte ich feststellen, daß das Fließgesetz ein Kontinuum voraussetzt und deshalb in Gletscherbrüchen nicht mehr gilt, weil die Voraussetzung des Kontinuums nicht gegeben ist. Es hat mich lange Zeit beunruhigt, daß das Fließgesetz zunächst nur an kleinen Proben geprüft wurde. Deswegen haben wir die Gelegenheit benutzt, seine Gültigkeit an der Eiskalotte des Jungfraujoches in situ zu prüfen. Dort haben wir an ganz verschiedenen Phänomenen das Fließgesetz auch in situ nachprüfen können, z. B. an Meßstrecken von 100 m, oder an Spalten, die mit Wasser gefüllt waren. Wir haben das Wasser dräniert, dadurch einzelne Klötze und Scheiben mit freien Randbedingungen erhalten, um so die Verformungen ganzer Blöcke studieren zu können. Auch bei der allmählichen Querschnittsverengung von Eisstollen hat sich dieses Fließgesetz bestätigt.

Zum Vortrag von Herrn Zischinsky möchte ich gerne die Frage der Diskontinuität aufwerfen. Es dürfte in diesem Zusammenhang — auch im Hinblick auf das, was Herr Müller ausgeführt hat — nützlich sein, auf die Ähnlichkeit der Vorgänge in Gletschern hinzuweisen, die Anschauungsmaterial für die Felsmechanik bieten. Ich möchte insbesondere zwei Punkte erwähnen: Die Spaltenbereiche bilden zwar Zonen der Diskontinuität. Beim Aletsch-Gletscher dürften diese Spalten aber nur maximal etwa 30 m tief sein, während, wie Herr Brockamp gemessen hat, aber die Tiefe des Gletschers am Concordia-Platz 800 m beträgt. Die Spaltenzone stellt also nur eine ganz dünne Oberflächenkruste dar. Die Verformung des Gletschereises am Concordia-Platz ist eine Erscheinung, die auch felsmechanisch sehr interessant sein könnte. Hier wird das Eis vom Jungfraujoch von den Seitenrücken der Nachbarfirne von 1500 m auf 160 m Breite zusammengepreßt. Mit dieser Verformung entsteht, obschon die Vorgänge absolut kontinuierlich verlaufen, eine neue Anisotropie, nämlich das, was man in der Tektonik als Druckschieferung durch Foliation bezeichnet. Aus nahezu homogenem Eis, das höchstens mit Spuren von Jahresschichten versehen ist, entstehen vertikal gestellte Blaubänder, die durch Druckschieferung entstanden sein müssen. Das Beispiel zeigt also die kontinuierliche Entstehung eines neuen anisotropen Zustandes unter der Wirkung von Druck, bruchloser Verformung und Zeit. Dieser Prozeß vollzieht sich in der Zeit, die das oberflächennahe Eis benötigt, um den Concordia-Platz zu durchfließen, d. h. in 20 bis 30 Jahren.

Der Gletscher hat noch eine andere Fähigkeit: An Wölbungen des Gletscheruntergrundes entstehen Zug- und Druckzonen und das Eis fließt durch dieses Spannungsfeld hindurch. An einer bestimmten Stelle, wo eben die Spannung kritisch ist, öffnen sich in rhythmischen Abständen Spalten, die sich erweitern, um sich später wieder zu schließen, d. h. der Gletscher ist wie ein lebendiger Körper fähig, einen Heilprozeß auszuführen (Vernarbung).

Prof. Leipholz: Ich möchte zur Klarstellung darauf aufmerksam machen, daß ich, als ich über plastische Körper gesprochen habe, bewußt ein differentielles Gesetz angeführt habe, das den Zusammenhang zwischen dem Deviator der Verzerrungs*inkremente* und dem Spannungsdeviator gibt. Wenn ich die beiden Deviatoren durch das Stoffgesetz verknüpfen will, so muß unbedingt die Möglichkeit bestehen, beide Größen bezüglich des gleichen Achsenkreuzes anzugeben. Das ist keineswegs selbstverständlich. Noch weniger selbstverständlich ist der Übergang vom differentiellen zu einem sogenannten finiten Gesetz durch Integration. Eine solche Integration ist nur ausnahmsweise durchführbar.

Und nun möchte ich an eine Bemerkung von Herrn Haefeli anknüpfen. Aus ihr geht hervor, daß beim Eis die Isotropie infolge der Beanspruchung verlorengehen kann. Das bedeutet aber, daß man nicht mehr mit finiten Gesetzen, wie es z. B. das Nortonsche ist, arbeiten darf, denn infolge der auftretenden Anisotropie geht das gemeinsame Achsenkreuz für die beiden Deviatoren verloren. Man muß dann wohl aufhören, das Eis mit visco-elastischen, also finiten Gesetzen zu beschreiben und wird sicherlich gut daran tun, es mindestens insoweit als plastischen Körper zu behandeln, wie man infolge seiner Anisotropie gezwungen ist, mit differentiellen Gesetzen zu arbeiten. In diesen kommen nicht mehr die Verzerrungen selbst, sondern nur noch ihre Inkremente vor.

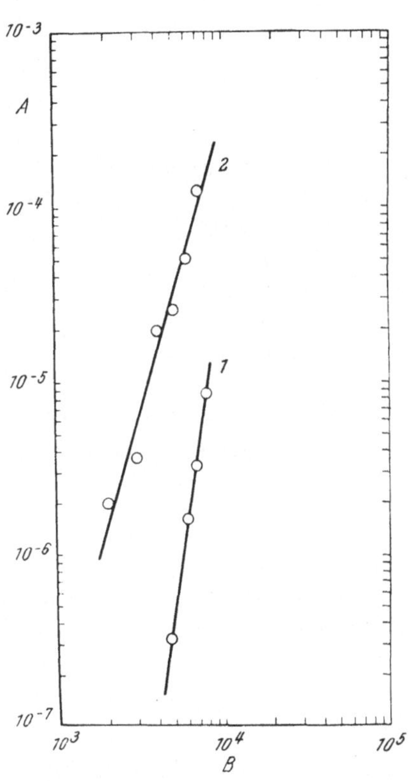

Abb. 2. Fließgeschwindigkeit (A) in Abhängigkeit von der achsialen Pfeilerspannung (B) nach Höfer (1) und Obert (New Mexico Potash) (2)

Flowing velocity (A) versus axial pillar stress (B) acc. Höfer (1) and Obert (New Mexico Potash) (2)

Vitesse de fluage (A) dépendant de la contrainte axiale (B) de pilier d'après Höfer (1) et Obert (New Mexico Potash) (2)

Dr. Höfer: Wir haben das Glück gehabt, in einem relativ idealen Material, nämlich im Salzgebirge, zu arbeiten. Aus den Meßergebnissen können viele Verbindungen zwischen dem Verhalten der Salzgesteine und dem des Eises abgeleitet werden.

Aus meinen Pfeiler-Querdehnungsmessungen (Höfer, 1958) wurde u. a. von Obert (1964) der Exponent des Nortonschen Gesetzes errechnet und mit den Ergebnissen aus seinen Messungen im Laboratorium verglichen. Für die Verformungsgeschwindigkeiten der Hartsalzpfeiler ergab sich ein Exponent von 6,3, für die Sylvinit-Proben aus Carlsbad, New Mexico/USA, ein Exponent von 3,3 (Abb. 2). Dieses Ergebnis ist durchaus verständlich, da wir wissen, daß Sylvinit wesentlich „weicher“ ist als Hartsalz. Wegen der Homogenität des Materials ist es aber sowohl bei Hartsalz als auch bei Sylvinit möglich, die Ergebnisse von Laboruntersuchungen auf die Verhältnisse in situ zu übertragen.

Um ein rheologisches Modell für das Salzgebirge zu entwickeln, wurden sowohl theoretische Untersuchungen als auch Messungen unter Tage durchgeführt. In kreisrunden Strecken mit 3 m Durchmesser, die durch Streckenvortriebsmaschinen geschnitten wurden, haben wir in Teufen von 400, 600, 800 und 1000 m Meßstellen eingerichtet und die Konvergenzen in vertikaler und horizontaler Richtung und in den unter 45^0 geneigten Richtungen gemessen (Höfer, Berthold, Menzel, 1965). Die Verformungen waren in allen vermessenen Richtungen nahezu gleich (Abb. 3).

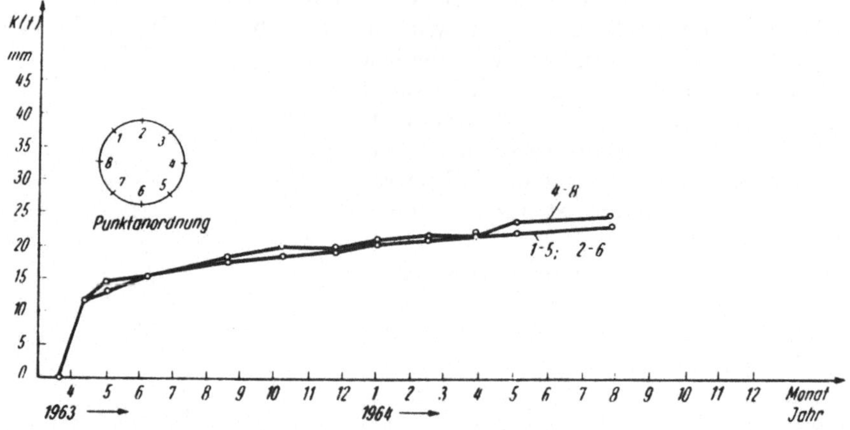

Abb. 3. Konvergenzverlauf in einer Maschinenvortriebsstrecke in 480 m Teufe

Course of convergency in a roadway driven by a tunnelling machine in a depth of 480 m

Développement de convergence dans une galerie percée par machines dans une profondeur de 480 m

Dies war eine wesentliche Voraussetzung für die Annahme eines hydrostatischen Spannungszustandes und damit für die mathematische Behandlung des Problems. Die Meßwerte konnten mit guter Genauigkeit theoretischen Werten angeglichen wer-

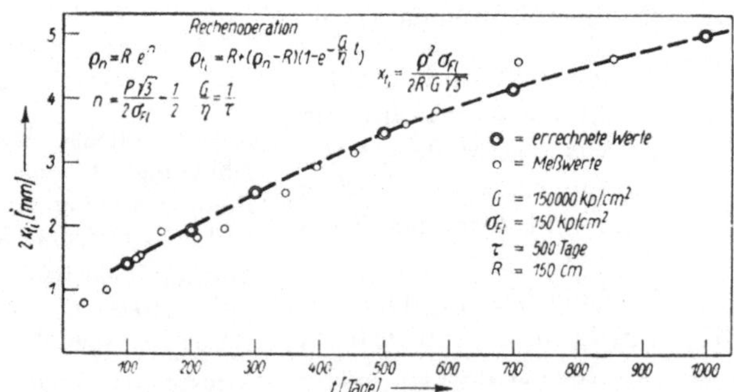

Abb. 4. Konvergenzmessungen Pöthen, Meßstelle III

Convergency measurements Pöthen, measuring site III

Mesurages de convergence Pöthen, endroit de mesurage III

den (Höfer, 1964) (Abb. 4). Aus den Meßergebnissen zeigte sich weiter, daß ein Modell nach Kelvin oder Poynting-Thomson für das Salzgebirge nicht zu verwenden war, da die Endverformungen bei diesen Modellen letztlich den elastischen Verformungen entsprachen, im Salzgebirge aber wesentliche inelastische Verformungen auftraten, die das Maß der elastischen Verformungen weit überstiegen. Am besten geeignet erwies sich ein Modell nach Loonen (1963), das auf der Grundlage der theoretischen Berechnungen von Salustowicz erarbeitet wurde (Abb. 5).

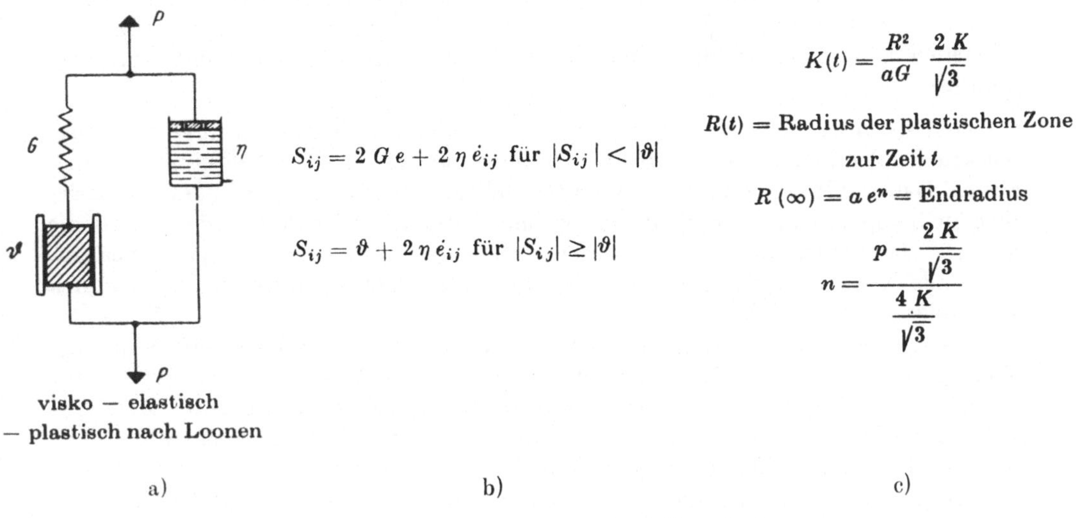

Abb. 5. Visko-elastisches-plastisches Modell nach Loonen
a) mechanisches Modell; b) Zustandsgleichung; c) Konvergenz an der Hohlraumkontur
Visco-elastic-plastic model acc. Loonen
Modèle visco-élastique-plastique d'après Loonen

Bei den Messungen unter Tage war ein großer Einfluß der Korngrößen festzustellen. Die grobkristallinen Salze zeigten wesentlich größere Verformungen als die feinkristallinen Salzgesteine. Der Teufeneinfluß war bei gleicher Salzart und gleichen Korngrößen sehr ausgeprägt zu bemerken, wie dies insbesondere die Pfeilerquerdehnungsmessungen zeigten. Der Einfluß der Temperatur war bei den Teufen zwischen 400 und 1000 m mit Temperaturunterschieden von 20 bis 28^0 noch vernachlässigbar klein.

Bei der Auswertung der Messungen im Salzgebirge waren uns theoretische Arbeiten, die schon in den zwanziger und dreißiger Jahren an Salzkristallen durchgeführt wurden, sehr wertvoll (Blank, 1930; Theile, 1932; Smekal, 1930; Kusnetzow und Semjentzow, 1931; Joffé, 1924; Stöcke und Borchert, 1936; Polanyi, 1934; Taylor, 1934a; Orowan, 1934a, 1934b, 1934c, 1935, 1936; Taylor, 1934b; Becker, 1925, 1926). Die Ergebnisse dieser Arbeiten wurden später auch nutzbringend in der Metallkunde verwendet. Nunmehr erhalten wir wiederum rückläufig von der Metallkunde Anregungen für unsere Arbeiten an Salzgesteinen (Späth, 1955).

Abschließend sei noch auf eine schon 1926 von Becker entwickelte Formel hingewiesen, die zwar für Einkristalle aufgestellt wurde, uns aber auch für Polykristalle etwas weiter bringen kann, indem sie die Zusammenhänge zwischen Fließgeschwindigkeit und Aktivierungsenergie der Temperatur sowie der wirkenden Spannung aufzeigt. Diese Abhängigkeiten und ihre physikalischen Gesetzmäßigkeiten aufzudecken, erscheint mir wesentlicher, als nur rheologische Modelle für die verschiedenen Materialien zu suchen.

II. Kinematische Kriechtheorie

Frage der Standsicherheit — Probleme des Stoffgesetzes und der Bruchbedingungen.

Dr. Dreyer: Herr Dr. Körner, inwieweit wirken sich ihre Untersuchungen auf den Begriff der Standsicherheit aus? Vielleicht könnten Sie kurz diesen Begriff definieren und, wenn möglich, ein paar Zahlen nennen, damit sich der Praktiker vorstellen kann, wie er die Standsicherheit einer Böschung überhaupt beurteilen kann?

Dr. Körner: Wie ausgeführt, ist bei der Definition der Sicherheit einer geneigten kriechenden Schicht die Kriechrichtung unbedingt mit in die Betrachtung einzubeziehen. Dabei läßt sich zunächst einmal feststellen, daß sich für schichtparalleles Kriechen in bezug auf die Sicherheit ein Optimum ergibt, weil sich für diesen Fall die kleinste Hauptspannungsdifferenz einstellt. Für jede von der schichtparallelen abweichende Kriechrichtung vergrößert sich die Hauptspannungsdifferenz und dadurch vermindert sich die Sicherheit.

Es ist zumindest derzeit aus mehreren Gründen nicht möglich, die Sicherheit einer realen kriechenden Böschung zahlenmäßig zu erfassen. Zunächst sind die für die kriechende Schicht unterstellten Voraussetzungen selten erfüllt. Nur ausnahmsweise dürfte homogenes Material an Böschungen anzutreffen sein; außerdem variieren in der Natur Schichtmächtigkeit und Böschungsneigung.

In die Schicht einfallende Kriechvektoren kennzeichnen den „aktiven Bereich", der sehr ausgedehnt sein kann und der vor allem dann gefährlich wird, wenn z. B. die Hangneigung stark oder abrupt zunimmt. Erfahrungen an Böschungen (z. B. bei Grundwasserabsenkungen in Braunkohlentagebauen oder bei den seinerzeit kriechenden Hängen im Staubecken des Kaunertales) zeigen eindeutig den Zusammenhang zwischen Setzungen und Kriechbewegung am Hang auf.

Aus der Schicht auftauchende Kriechvektoren kennzeichnen Stauchzonen, in denen die Hauptspannungsdifferenz bei steilen Böschungen rascher zunimmt als im aktiven Bereich. Auch dürfte die Erstreckung dieser Stauchzonen in der Fallinie eines kriechenden Hanges wesentlich geringer sein als die der aktiven Zonen; keinesfalls ist sie unendlich ausgedehnt. Auf diese Stauchzonen und ihre Erkennung muß sich die Aufmerksamkeit bei der Beobachtung eines Kriechhanges vor allem konzentrieren. Hier sind Meßstellen zu installieren, weil der sich abzeichnende Bruch dieser Zone die ganze Böschung gefährdet. Abnehmende Hangneigung kann die Stauchzone markieren. Es scheint zudem fraglich, ob sich in Stauchzonen notwendig Kriechvektoren einstellen müssen, die sich über die Waagrechte erheben. Hier erscheint größere Vorsicht geboten, als es die Theorie nahelegt. Sehr wahrscheinlich bilden sich sichelförmige Gleitflächen aus, bevor die aus der Kriechrichtung für eine unendlich lange Stauchzone folgende Hauptspannungsdifferenz den unter den üblichen Versuchsbedingungen ermittelten Festigkeitsgrenzwert erreicht. Ursachen für Gleitflächenbildung können selbstverständlich auch Festigkeitsinhomogenitäten, wie z. B. Schichtgrenzen, sein. Eine weitere Schwierigkeit bereitet die Ermittlung der Materialfestigkeit, die in der Theorie als scharf definierbar und zeitkonstant vorausgesetzt wird.

Bevor man also zahlenmäßige Angaben über die Sicherheit einer natürlichen kriechenden Böschung machen kann, muß noch viel Arbeit in der Theorie, im Experiment und durch Messungen an kriechenden Hängen geleistet werden.

Dr. Zischinsky: Herr Dr. Dreyer, Sie haben die Frage gestellt: Was ist Festigkeit oder Standfestigkeit einer Böschung? Ich glaube, die Antwort, die wir bekommen haben, war nicht ganz in der Richtung, wie Sie gemeint haben. Sie wollten vermutlich darauf hinaus (und ich kann mich da nur anschließen), daß diese Begriffe höchst diskutabel sind. (Siehe im Referat Zischinsky den Abschnitt: Versagen und Bruch des Kontinuums).

Prof. Haefeli: Es ist für mich eine ganz besondere Freude, zu sehen, daß dieses kleine Samenkorn, das ich vor mehr als 30 Jahren nicht in den Boden, sondern in den Schnee gesteckt habe, anfängt, ein Baum zu werden. Diese Gedanken sind in letzter Zeit auch in Japan aufgegriffen worden, und zwar haben die Japaner die Gültigkeit dieser Zusammenhänge theoretisch nachgewiesen. Ich möchte Herrn Körner beglückwünschen, daß er zu neuen Erkenntnissen gekommen ist, und ich bin sehr einverstanden mit dem Vorschlag, diese Zusammenhänge als „kinematische" Kriechtheorie zu bezeichnen, bei der es nicht notwendig ist, die Kräfte von Anfang an zu kennen, bei der man vielmehr einfach von der Verformung, die meßbar ist, ausgeht. Daß Sie nun den Zusammenhang mit den Grenzzuständen des Mohrschen Kreises aufgestellt haben, ist sehr wertvoll und ich möchte Sie ermuntern, in dieser Richtung weiterzufahren.

Hinsichtlich der Anwendung darf man nicht vergessen, daß diese Kriechtheorie zunächst nur für die sogenannte neutrale Zone der Kriechbewegung gültig ist. Wir haben dies ausgedrückt mit dem Satz, daß die Theorie eine unendlich lange ebene Schicht von konstanter Mächtigkeit und kongruente Kriechprofile innerhalb dieser Schicht voraussetzt. Auch wenn die Kriechprofile kein Dreieck, sondern eine beliebige Figur bilden, kann die Spannungsermittlung in der aufgezeigten Weise erfolgen. Wie Herr Körner schon gesagt hat, kommt es aber bei natürlichen Rutschungen nicht nur auf die neutrale Zone an, sondern auch auf die Verhältnisse in der Zug- und Druckzone, die meistens am oberen bzw. unteren Ende eines Kriechhanges vorhanden ist. Die neutrale Zone befindet sich in der Mitte zwischen Zug- und Druckzone; unten haben wir Bewegungen, deren Kriechwinkel negativ sein können, wie besonders das Beispiel Klosters in der Schweiz zeigt, wo der Kriechwinkel tatsächlich stark negativ ist, ähnlich wie bei einer Gletscherzunge, wo die Stromlinien am Ende der Zunge auftauchen.

Ganz besonders wichtig erscheint mir, was auch Herr Körner betont hat, daß unbedingt mit jeder Setzung, mit jenem Verdichtungsvorgang am Hang, der ja zu einer Stabilisierung führen kann, immer eine horizontale Bewegungskomponente verbunden ist. Das ist kinematisch gesetzmäßig und eine Ausnahme gibt es nur dann, wenn die Kohäsion, wie Herr Körner gezeigt hat, so hoch ist, daß sich ein vertikaler Kriechvektor einstellen kann. Sonst ist immer eine horizontale Bewegungskomponente vorhanden und das ist nicht beängstigend, sondern ganz normal.

In der Schweiz gibt es im Kriechen begriffene Gebiete bis zu 40 km^2, wie z. B. bei Lugnez in Graubünden mit 10 Dörfern auf diesem Gebiet. Dort werden seit 80 Jahren die Verschiebungsgeschwindigkeiten durch Lageveränderungen von Kirchtürmen gemessen und sie haben sich nicht wesentlich verändert. Es ist also ein kontinuierlicher Vorgang. Die Bewegungen sind immerhin so groß, daß sich beim Dorf Peiden die Kirche in diesen 80 Jahren um 15 m horizontal und um 3 m vertikal verschoben hat, ohne daß sie erhebliche Schäden erlitten hat.

Nun etwas, was gegen die Kriechtheorie spricht: Es darf nicht übersehen werden, daß wir uns dabei strenggenommen immer nur mit einem momentanen Zustand befassen. Die Schneedecke führt uns mit ihrem Übergang zum Eis die ganze „Spannungsmetamorphose" auf sehr anschauliche Weise vor Augen. Wir sprechen deshalb von „Spannungsmetamorphose", weil dieser kontinuierliche Vorgang der Spannungsveränderung bedingt ist durch die Metamorphose des Schneekristalls; seine Form, seine Oberfläche vereinfacht sich mit der Zeit zu einem kugeligen Gebilde und infolgedessen nähern sich die anfangs kompliziert gestalteten Körner einander. Dieser Verdichtungsvorgang genügt, um die ganze „Spannungsmetamorphose“ zu steuern. Bei diesem Vorgang vollzieht sich die Wandlung von einem ganz lockeren Aggregat, dessen plastische Querzahl unendlich ist (das ist der eine Grenzwert der Metamorphose), unter ständiger Verdichtung und Stabilisierung der kriechenden Böschung bis zum volumenkonstanten Eis. Dabei ist der Kriechwinkel nicht konstant, weil sich das Material fortlaufend verdichtet. Es entsteht ein Setzungsvorgang, und der Kriechwinkel nimmt ab, bis der Kriechvektor (wenn der Zustand des Eises erreicht ist) parallel mit der unendlich lang angenommenen Böschungsoberfläche verläuft. Wir haben also auf der einen Seite bei lockerem Schnee einen großen Kriechwinkel, der als Tangente an die Kriechkurve stetig kleiner wird. Dies führt schließlich zum Endzustand der Verdichtung, zum Eis. Der Vorgang vollzieht sich unter konstantem Gewicht.

Die Hauptspannungsrichtungen sind nun, wie gezeigt wurde, abhängig vom Kriechwinkel. Im Anfangszustand bei lockerem Schnee ist die kleinste, nahezu böschungsparallele Hauptspannung eine Zugspannung. Die Hauptspannungsrichtungen drehen sich bei der Spannungsmetamorphose entsprechend der Änderung des Kriechwinkels und schließlich wird die kleinste Hauptspannung ≈ 0. Das ist ein sehr interessanter, spezieller Zustand, der besagt, daß es für jede Hangneigung eine kritische Schneebeschaffenheit bzw. ein kritisches Raumgewicht gibt, für das dieser Zustand eintreten muß. Dieser „kritische Zustand“ wäre damit gekennzeichnet, daß man die Böschung in einzelne lotrechte Prismen aufschneiden könnte, und diese vertikal stehenden Prismen sind in horizontaler Richtung spannungsfrei. Somit sind diese Lamellen nur dann stabil, wenn man eine gewisse minimale Kohäsion voraussetzt. Die stetige Drehung der Hauptspannungen, bei der die große Hauptspannung zunimmt und die kleinste Hauptspannung von einem negativen Wert (Zug) zu einem positiven Wert (Druck) übergeht, also durch 0 hindurch muß (kritischer Spannungszustand), nennen wir die Stabilisierung eines Hanges.

Bekannterweise tritt bei der Lawinenbildung der gefährliche Moment während oder gleich nach einem Neuschneefall auf, wenn noch Zugspannungen herrschen. Je nach der Temperatur setzt sich die Schneedecke mehr oder weniger rasch und es findet diese Stabilisierung statt. Die Lawinengefahr nimmt ab.

Es ist mir übrigens auf Bergtouren als Skifahrer immer aufgefallen, daß man nach einem Neuschneefall auf einer horizontalen Fläche weniger tief einsinkt als an einem Hang. Ich glaube, man muß diesem Umstand eine gewisse Aufmerksamkeit schenken, weil sich auch darin die verschiedenen Einspannungsverhältnisse der horizontalen und gezeigten Schicht äußern.

Auch im Eis kann, wie in der Natur bei steilen Hanggletschern immer wieder zu beobachten ist, gerade dieser „kritische“ Zustand eintreten. Theoretisch ist dies der Fall bei einer Hangneigung von 45^0. Die Eismassen zerfallen oft in einzelne freistehende Türme und diese stürzen dann hinunter (Kalbung). Bei diesem kritischen Spannungszustand wirkt natürlich der volle Überlagerungsdruck der Eissäule, deren Höhe somit durch die Druckfestigkeit des Eises begrenzt wird.

Es dürfte sich lohnen, die kinematische Kriechtheorie weiter auszubauen, auch im Hinblick auf Anwendungen in der Bodenmechanik und der Felsmechanik. In der Bodenmechanik ist z. B. auch das Ruhedruckproblem noch in keiner Weise gelöst. In einer anläßlich eines Symposiums in Japan veröffentlichten Arbeit (Haefeli, 1966) sind die Anwendungen auf den Ruhedruck angedeutet. Ich bin mit Herrn Körner und Herrn Müller überzeugt, daß man für die Bodenmechanik aus der kinematischen Kriechtheorie Gewinn ziehen kann.

Dr. Zischinsky: Zur Spannungsmetamorphose von Schnee und Eis: Die Betrachtung des Eises bietet uns in der Geomechanik vor allem Parallelen zu dem mechanischen Verhalten tiefer Krustenteile. Schon W. Schmidt (1922) bemerkt, daß das Eis des Gletschers und die tiefe Erdkruste in homologem Zustand sind.

Zur kinematischen Kriechtheorie: Ich habe als Geologe mühsam gelernt, Bewegungen und Spannungen seien nur durch eine Stoffgleichung zu verbinden. Und Sie behaupten nun, aus der Bewegung ohne Stoffgesetz die Spannungen errechnen zu können. Ist das nicht fakultätsbedingt? Daß es nämlich den Ingenieuren überhaupt nicht mehr auffällt, daß sie sehr wohl ein Materialgesetz einführen, wenn sie von innerer Reibung und Kohäsion sprechen; und zwar eines, von dem wir eben glauben, daß es unsere komplizierten Phänomene nicht adäquat beschreibt.

Prof. Müller: Diese Frage, welche Herr Zischinsky da berührt, habe ich in Lissabon als eines der Hauptprobleme der Geomechanik herauszustellen versucht (Müller, 1966): Nämlich mechanische Abläufe anstatt auf dem Umweg über (hinzugedachte) Spannungen direkt auf Grund der beobachtbaren Phänomene zu erfassen. Bis dahin ist wahrscheinlich noch ein weiter Weg, aber eines Tages wird Haefelis kinematische Kriechbetrachtung vielleicht als Pioniertat auf diesem Wege einer neuen Betrachtungsweise erkannt werden. Nichts ist fruchtbarer, als von Zeit zu Zeit Standpunkt und Orientierung zu wechseln. In diesem Falle läuft es darauf hinaus, im Sinne Goethes, der ja als Naturforscher höchst erfolgreich war, die „Phänomene als die Lehre" zu nehmen und nicht hinter den Schleier der Phänomene zu treten, d. h. nichts Abstrahiertes hinzudenken. Schon Sander hat darauf hingewiesen, daß Spannungen noch niemand gesehen und gemessen hat. Was sich ereignet und was man messen kann, sind Bewegungen und Deformationen, nichts anderes; diese werden weitergereicht in Drang und Zwang, von Molekül zu Molekül und von Kluftkörper zu Kluftkörper. Zusammendrückung und Aufdehnung ist das, was sich wirklich ereignet. Die Materialgesetze sind Gedankenhilfen, welche wir nur brauchen, weil wir in die Physik und innere Kinematik des Materials nicht recht hineinschauen können. Vermöchten wir es, Deformationsabläufe nach Zeit und Ort zu verfolgen, dann könnten wir daraus speziell das Wesen der rheologischen Probleme verstehen lernen und brauchten dann erst rückwirkend, wie es Herr Haefeli macht, in Spannungen umzudenken. Die Kausalkette lautet ja nicht, wie wir gewohnt sind, sie herzusagen: Kräfte—Spannungen—Deformationen, sondern: Bewegungen—Deformationen—Materialanstrengung. Daß z. B. der Newtonsche Satz von der Gleichheit von Aktion und Reaktion im geologischen Erfahrungsbereich – jedenfalls bei Gleichzeitigkeit — umso weniger gilt, je größer ein Körper ist; daß es lange Zeit braucht, bis eine Kraftäußerung auf eine geologische Masse am anderen Ende derselben ankommt: Gerade das zeigt ja, daß man im großen nicht nur in Gleichgewichtsbedingungen denken darf, sondern in Deformationen denken muß. Damit wird auch ohne weiteres verständlich, daß hier der Zeitfaktor auftreten muß, denn dieser ist im Bewegungsbegriff bereits enthalten. So können wir, in Deformationen denkend, den Zeitfaktor empfinden lernen und brauchen ihn nicht nur abstrahierend in Rechnung zu stellen. Dann erleben wir, daß eine Masse (z. B. das Eis eines Gletschers) durch ein ortsfestes Spannungsfeld gleiten kann, so wie Nebeltröpfchen eine Wolke durchlaufen, und wir werden auf diesem Wege unabhängiger vom Materialgesetz; dies können wir auf eine spätere Linie der Betrachtung verlegen.

Auf diesem Wege werden wir, wie ich glaube, sauberer als bisher zwischen Beschreibung und genetischer Deutung unterscheiden müssen. Es wäre zu begrüßen, wenn dies heute, etwa am Beispiel des Begriffes „Kriechen", versucht würde, ein Begriff, den nur der Gefügekundler ohne Einmischung genetischer Gedanken definiert, während der Baustatiker dabei den Bewegungsvorgang und seinen energetischen Hintergrund zusammenmischt.

Dr. Körner: Die Kinematik beschreibt in der Regel die Bewegungen, ohne die Kräfte, die diese Bewegungen herbeiführen, mit in die Betrachtung einzubeziehen. Unter gewissen Voraussetzungen lassen sich in diesem speziellen Fall der geneigten kriechenden Schicht die Kräfte mit einbeziehen und Herrn Haefeli fällt das Verdienst zu, dies aufgezeigt zu haben.

Ich weiß nicht, ob sich z. B. das Zudrücken eines Stollens auf ähnliche Weise behandeln lassen wird. Immerhin zeigt dieses Beispiel, wie wertvoll und leistungsfähig derartige Betrachtungen sein können. Auch deshalb sollte man diese Dinge weiter verfolgen.

Prof. Müller: Wenn auf diesem Wege Fortschritte erzielt werden, dann ist besonders für die Tektonik ungemein viel gewonnen, bei deren Aufgaben wir nur Deformationsabläufe kennen, niemals — abgesehen von einigen aktuellen Spannungsmessungen — etwas Genaues über das Kräftespiel wissen. Es gibt ja noch ein anderes, weites Gebiet, bei dem man sich mit der Erfassung der Bewegungen begnügt, ohne von den Spannungen im bewegten Medium zu sprechen: die Hydromechanik, in deren Grundgleichungen wir das letzte, das die Spannungen wiedergebende Glied weglassen. Warum sollte man nicht auch das Säkularströmen der Geologie auf ähnliche Weise in den Griff bekommen?

Dr. Zischinsky: Ich hoffe, ich bin da nicht mißverstanden worden; ich möchte nicht die Priorität der Kinematik abstreiten. Im Gegenteil, sonst dürfte ich nicht Geologe sein. Aber was mir daran nicht ganz eingegangen ist, das war eben, daß man ganz einfach aus Angaben der Kinematik ohne Materialgesetz tatsächlich Kräfte berechnen kann. Die Arbeiten von Herrn Haefeli (1939 und 1961) waren ja der Ausgangspunkt für meinen eigenen Versuch, die geologischen Beobachtungen an verformten Hängen einer mechanischen Behandlung zugänglich zu machen (siehe Zischinsky, 1969). Bei diesen Arbeiten bin ich dem Konzept der Mechanik entsprechend vorgegangen: Beschreibung des Befundes in der Natur mit den Hilfsmitteln der Kinematik, Annahme einer Spannungsverteilung; danach Aufsuchen einer Stoffgleichung, die diese beiden Angaben in Beziehung setzt und mit deren Hilfe dann zukünftige Entwicklungen vorausberechnet werden können. Aber es wäre natürlich sehr wünschenswert, wenn wir ohne diesen Umweg über ein Materialgesetz rechnen könnten, wie die angreifende Kraft — in unseren Fällen ist das fast ausschließlich die Schwerkraft — die mit kinematischen Begriffen beschriebenen Bewegungsbilder bewirkt.

Prof. Haefeli: Ich glaube, Sie sind schon den richtigen Weg gegangen, indem Sie nach den Materialgesetzen fragen. Aber die Frage, welche Gesetze auf dieses Material angewendet werden können, das ist natürlich ein großes Problem. Wenn es sich da um Warmverformungen handeln würde, dann könnte man sich eine Lösung vorstellen. Denn, wie Prof. Niggli schon gesagt hat, ist die Warmverformung der Metalle der Verformung des Gletschereises analog. Das könnte ja auch für die kristallinen Gesteine gelten, wenigstens bei höheren Temperaturen, die bei den tektonischen Problemen des Erdmantels eine wichtige Rolle spielen.

Dr. Körner: Zur Behandlung von zwei Problemen braucht man die Materialgesetze: Bei der Beurteilung des Kriechprofiles und zur Beurteilung der Bruchbedingung, d. h. der Mohr schen Hüllkurve.

Prof. Haefeli: Sobald aber die Kinematik erlaubt, die Spannungstrajektorien zu ermitteln, kann man auch die Kräfte errechnen. Wenn sie in einem konkreten Fall, z. B. in einem Gebirgskörper, die Hauptspannungstrajektorien infolge Eigengewichtes auf irgendeinem Wege feststellen können, dann haben Sie die Aufgabe in der Hauptsache gelöst. Dann können die Spannungen aus dem Überlagerungsdruck ohne ein Materialgesetz berechnet werden, sofern ein Kontinuum vorliegt. Sobald aber — wie Herr Körner gesagt hat — Brucherscheinungen studiert werden sollen, braucht man die Festigkeitsbedingungen.

Prof. Müller: Am Beispiel einer Böschungsaufgabe kann das illustriert werden (siehe Abb. 6).

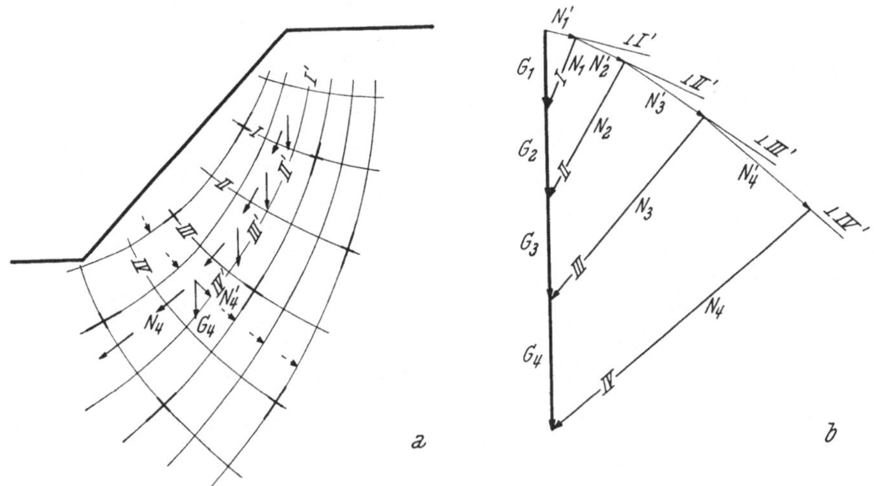

Abb. 6. Kraftfluß im Querschnitt einer steilen Felsböschung. a) Trajektoriennetz und Ansatz der Schnittkräfte; b) Kräfteplan für eine Trajektorienlamelle

Stream of forces in a steep rock slope. a) trajectories and forces; b) triangles of forces for a single lamina of trajectories

Cours de forces dans la coupe transversale d'une pente rocheuse raide. a) réseau de trajectoires et disposition des forces; b) plan de forces pour une lame de trajectoires

Prof. Karl: Zu Herrn Müllers Ausführungen möchte ich darauf hinweisen, daß im Gefügebild nur der letzte Schritt zu sehen und damit wohl auch nur ein zuletzt wirksamer Spannungszustand ableitbar ist.

Prof. Müller: Im Modellversuch aber können wir nicht nur die letzten Spannungen, sondern auch diejenigen früherer Formungsphasen erfassen. Warum sollte es im übrigen nicht eines Tages gelingen, auch die Bruchbedingungen kinematisch zu beschreiben? Gefügeanalyse liefert uns genaue kinematische Daten, insbesondere solche der Teilkörper-Relativbewegungen. Gefüge ist nach H. Cloos erstarrte Bewegung. In günstigen Fällen müßte man aus der Bewegungsanalyse zumindest auf mögliche Spannungsfelder zurückschließen können.

Dr. Zischinsky: Es gibt eine allgemeinere Bruchtheorie, und zwar die von Reiner und Weissenberg (Reiner, 1958).

Dr. Döring: Wählt man als phänomenologisches Bruchkriterium gleichbleibend die Bedingung, daß bei einem bestimmten Maß der gespeicherten elastischen Formänderungsarbeit der Bruch eintritt, so erhält man in Abhängigkeit von der Belastungsgeschwindigkeit für die rheologischen Modellkörper unterschiedliche Werte der Bruchspannungen σ_B bzw. der Bruchverformungen ε_B. Insbesondere ist unter dieser Voraussetzung und bei einem einachsigen Druckversuch für einen Maxwell-Körper σ_B konstant, während ε_B mit abnehmender Belastungsgeschwindigkeit wächst. Beim Kelvin-Körper ist unter den gleichen Bedingungen die Bruchverformung konstant, während die Bruchspannung von der Belastungsgeschwindigkeit abhängig ist.

Für einen Burgers-Körper, der ja eine Kombination der beiden genannten Grundtypen darstellt, erhält man grundsätzlich den angegebenen Verlauf, der beispielsweise das Verhalten von Salzgesteinen schon qualitativ richtig beschreibt (siehe Döring, Heinrich und Pforr, 1965; und Döring, 1965) (Abb. 7).

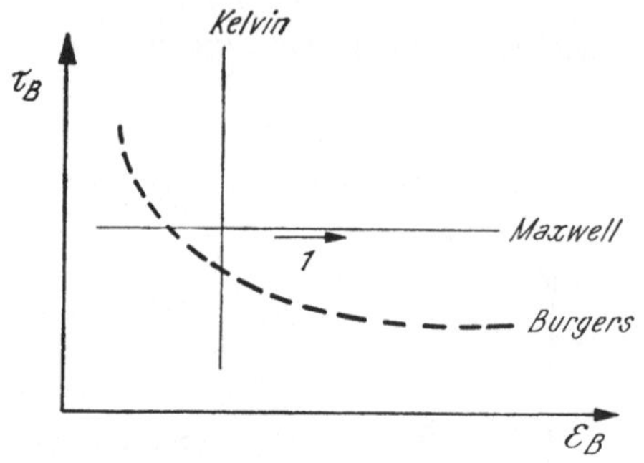

Abb. 7. Bruchspannung σ_B in Abhängigkeit von der Bruchverformung ε_B für Körpermodelle nach Burgers, Maxwell und Kelvin. *1* Belastungsgeschwindigkeit abnehmend

Failure stress σ_B versus failure deformation ε_B for Burger's, Maxwell's and Kelvin's models. *1* Velocity of load diminishing

Tension de rupture σ_B dépendant de la déformation de rupture ε_B pour des modèles d'après Burger, Maxwell et Kelvin. *1* Vitesse de charge diminuant

III. Probleme des Größenbereiches

Kontinuum — Diskontinuum — Bestimmung von Gesteins- und Gebirgsparametern

Prof. Karl: Ich habe vorerst nur eine kurze Anmerkung zur Diskussion über Kontinuum und Diskontinuum zu machen. Von der Gefügekunde her stellt sich zunächst die Frage nach der Größe des betrachteten Bereiches und dem Grad der Homogenität in diesem Bereich. Der Grad der Homogenität ist definiert durch das Verhältnis zwischen der Größe des für meine Betrachtung letzten Gefügebauelementes und der Größe des interessierenden gesamten Gefügebereiches. Die Wahl des kleinsten Gefügeelementes bestimmt die Fragestellung. Verformungsuntersuchungen im Prüfkörperbereich werden Mineralkörner als Gefügeelemente wählen, solche im megaskopischen Bereich Kluftkörper. Insofern stellt sich jetzt für rheologische Betrachtungen die Frage, wieweit bestehende oder aufgestellte Stoffgesetze bei unterschiedlicher Größe und Mechanik solcher letzter Gefügeelemente Gültigkeit haben, oder ob für verschiedene Gefügeelemente verschiedene oder modifizierte Stoffgesetze anzuwenden sind. Die Möglichkeit einer rheologischen Behandlung solcher Gefüge hängt letztlich davon ab, wieweit diese nach gefügeanalytischer Voruntersuchung als statistische Kontinua zu betrachten sind, oder ob mathematische Wege aufgezeigt werden können, welche Stoffgesetze für homogen-anisotrope Gefüge ermöglichen (vgl. Orientierungskörper von Dr. M. Langer).

Zu der Bemerkung von Herrn Clar möchte ich ergänzen, daß der Geologe außer der phänomenologischen Arbeitsweise, wie sie die klassische Gefügekunde betreibt, auch experimentieren soll. Gerade auf Grund großer Erfahrungen durch beschreibende gefügekundliche Arbeiten sind solche Geologen prädestiniert, die aussagekräftigsten Experimente durchzuführen.

Prof. Müller: Hieran anknüpfend sollten wir überlegen, worin sich das mechanische Verhalten in einzelnen Größenbereichen unterscheidet. Im allgemeinen doch dadurch, daß mit jedem größeren Bereich der im kleineren Bereich kinematisch und mechanisch wirksame innere Mechanismus erhalten bleibt, daß aber im nächstgrößeren Bereich ein neuer Mechanismus hinzukommt. Dieser setzt in der Regel das, was wir Festigkeit nennen, herab und erhöht das, was wir Verformbarkeit nennen. Das gilt vom Kornbereich bis zum Gebirgsquerschnitt. Diese Umstände zu erfassen, wird uns dadurch vergleichsweise leicht möglich, daß es sich in allen Bereichen um ähnliche Erscheinungen handelt: einerseits um Deformationen im Kristallit, im Kluftkörper, im Riesenkluftkörper; andererseits um Verschiebungen und Verschiebungswiderstände an deren Grenzen, wobei alle diese Wirkungen statistisch auftreten. So sind z. B. die Überlegungen, welche Kollegen Pacher und mich zum Widerstandszifferverfahren des Kluftkörperverbandes (Müller, 1963) geführt haben, nach der Lektüre ähnlicher Betrachtungen entstanden, welche Roš und Eichinger (1930 und 1949) im Bereich der Kristallite angestellt haben.

Dr. Wolters: Zu Problempunkten, die in den bisherigen Vorträgen angeschnitten wurden, lassen sich auf Grund von Laboratoriumsuntersuchungen folgende Ergänzungen machen:

1. *Kontinuum — Diskontinuum:* Die völlig intakte Einzelprobe aus einem Gesteinsblock kann als Kontinuum angesehen werden. Im Dreiaxialdruckversuch weist sie eine hohe Bruchfestigkeit auf. Eine Nachbarprobe kann bereits eine kleine Fehlstelle aufweisen, eine Kluft z. B. reicht etwas in diese Probe hinein. Damit liegt deren Bruchfestigkeit bei gleicher Gesteinszusammensetzung unter der der ersten Probe. Eine weitere benachbarte Probe hat mehrere solcher Fehlstellen. Ihr Bruchfestigkeitswert liegt noch tiefer. Letztlich noch eine Probe des gleichen Gesteinsblockes mit einer durchgehenden latenten Kluft. Die „Bruchfestigkeit" sinkt auf einen Minimalwert, da diese Probe sofort bei Belastung bricht und nur noch einen Widerstand gegen Verschiebung auf der Kluftfläche aufweist. Gegenüber der ersten muß man alle anderen als Diskontinuum ansehen. In einem sehr großen Gebirgsbereich kann jedoch der Wechsel im Gesteinsmaterial und in der Lagerung und die Durchtrennung mit Flächen wieder so allgemein und einheitlich sein, daß dieser Gesamtkomplex wieder als Kontinuum angesehen werden kann. Bei einem Riesenversuch in diesem Gebirge dürfte wohl auch nichts anderes als die Summe der Widerstände gegen Verschiebung auf den Trennflächen auftreten. So wäre mit den Extremwerten der verschiedenen Festigkeiten, angefangen bei der Bruchfestigkeit der intakten Probe bis zur Restfestigkeit als Reibungswiderstand auf den Trennflächen, auch ein Übergang vom Kontinuum über das Diskontinuum wiederum zum Kontinuum möglich. Die Entscheidung ist also abhängig vom betrachteten Bereich.

2. *Der Zeitfaktor:* Belastet man mit nur einem Prozentanteil der Last, die im einmaligen Dreiaxialversuch zum Bruch führt, eine Probe im Lastwechselversuch, so tritt ebenfalls der Bruch ein. Je geringer die Last gewählt wird, umso größer muß die Zahl der Belastungsfälle werden. Aber wesentlich ist, daß auch dann die Probe bricht, wenn nicht die optimale Bruchlast aufgebracht wurde. Mit der Summierung der Lastfälle tritt auch eine Summierung der Klein-Bruchstellen (Kornkontakte) ein, bis beim verbleibenden Rest auch die Teillast bereits zu einer durchgehenden Bruchfuge führt. Faßt man diese Versuche als Zeitrafferversuche auf, so ergibt sich daraus, daß sich im Laufe langer Zeiten auch Einzelbruchstellen zu größeren Bruchfugen selbst bei geringeren Lasten addieren, was besonders für Dauerstandfestigkeiten berücksichtigt werden müßte, bzw. für geologische Zeiträume gelten muß.

3. *Statische oder dynamische Spannungszustände:* Unterbricht man die Laststeigerung bei Dreiaxialdruckversuchen von Lockergesteinen allgemein oder von Festgesteinen im oberen Bereich des progressiven Anstiegs der Spannungs-Dehnungs-Linie bzw. bei Reibungsversuchen auf Trennflächen, so bleibt die erreichte Kraft keineswegs erhalten, sondern fällt z. T. ganz beträchtlich ab und steigt erst wieder mit Erreichen einer gewissen Verformungsgeschwindigkeit nach neuer Laststeigerung an. Es ist also ein Unterschied zwischen einer „Ruhefestigkeit" und einer „Verschiebungsfestigkeit" vorhanden. Bei Berechnungen von Standfestigkeiten werden aber nur statische Zustände betrachtet, wobei allerdings die Festigkeiten aus den Verformungsversuchen genommen werden.

Dr. Kern: Wir können bei dem Versuch, rheologische Stoffgesetze aufzustellen, auf Laborexperimente nicht ganz verzichten, auch wenn die Laborbedingungen zunächst nicht unmittelbar mit den Verhältnissen in den Großbereichen der Natur verglichen werden können. Das rheologische Verhalten polykristalliner Körper wird durch endogene, materialbedingte und exogene, verfahrensbedingte Faktoren beeinflußt. Die materialabhängigen Einflußgrößen werden bestimmt durch die das Gestein aufbauenden Mineralkomponenten, deren Kristallgitter, die Größe der Kristallite, die Kornform, die Kornverteilung u. a. m. Die äußeren Einflußgrößen resultieren im wesentlichen aus der Art der Beanspruchung, der Deformationsgeschwindigkeit und der Temperatur. Das Laborexperiment bietet nun den großen Vorteil, jeweils alle bis auf einen der genannten Faktoren konstant zu halten, um somit sukzessive deren Einfluß auf das rheologische Verhalten zu untersuchen.

Dr. Dreyer: Ich möchte die Bemerkung von Herrn Kern unterstreichen, daß es für die Erstellung von echten Materialkonstanten unbedingt erforderlich ist, definierte Spannungszustände im beanspruchten Gestein zu erzeugen. Echte Materialkonstanten sind universelle Gesteinsparameter, die nur von den Gesteinseigenschaften — nicht aber von den speziellen Versuchsbedingungen — abhängig sind. Als solche können sie direkt in die Formeln der Elastizitäts- und Plastizitätstheorie eingesetzt werden, womit ihr universeller Charakter eindeutig bewiesen ist.

Die Erzeugung definierter Spannungszustände ist im Labor leichter möglich als in situ, wo fast ausschließlich Stempeldruckversuche angesetzt werden, deren Auswertung problematisch ist und wohl kaum zu echten Materialkonstanten führt. Die Schwierigkeit liegt an der komplizierten Randbedingung der Krafteinleitung über ein endlich begrenztes Flächenstück. Dagegen erscheint mir der von Herrn Döring skizzierte Weg der radialen Krafteinleitung in einer zylindrischen Bohrung — in Verbindung mit einer Verformungsmessung in einer Parallelbohrung — eine weitaus bessere Möglichkeit zu sein, auf statischem Wege die elastischen Parameter des zwischen den beiden Bohrungen befindlichen Gebirgsteils in den Griff zu bekommen. Meines Erachtens wird es nicht allzu schwierig sein, die Theorie auf mehrere Testbohrungen zu erweitern, um den Anisotropiegrad des Gebirges bestimmen zu können.

Über die Bestimmung der elastischen Parameter und des Anisotropiegrades hinaus sollte es auch möglich sein, mit dieser einfachen Methode Informationen über zeitabhängige Materialgrößen zu erlangen, indem Dauerstandversuche in situ gefahren werden, die das Kriechverhalten bzw. das Bruchfließen des Gebirges zu testen gestatten. An Herrn Döring möchte ich nunmehr die Frage richten, wie er selbst seine Methode einschätzt und ob es möglich ist,

a) in der oben skizzierten Weise Gebirgsparameter zu messen,

b) das Verfahren auf nicht-elastische Vorgänge zu erweitern und

c) ob überhaupt in dieser Richtung Messungen durchgeführt worden sind.

Dr. Döring: Was wir hier vorgelegt haben, ist nur die Lösung eines Elastizitätsproblems, das heißt also, eine phänomenologische Lösung. Wir haben uns auch Gedanken darüber gemacht, ob man sie zu Meßzwecken ausnutzen kann; das kann man sicher, wenn die Voraussetzungen, die darin stecken, auch erfüllt sind. Will man diese auf anisotrope Medien verallgemeinern, so muß man diese Lösung auch für anisotrope Medien errechnen. Das haben wir noch nicht gemacht. Das gleiche gilt, wenn rheologische Probleme vorliegen; dann muß man sich auf einen phänomenologischen Ansatz, z. B. der Visko-Elastizitätstheorie, stützen.

Dr. Dreyer: Wichtig erschien mir, daß es mit Ihrer Methode möglich ist, auf verhältnismäßig einfache Weise definierte Spannungsverhältnisse im Gebirgskörper erzeugen zu können, wobei von der Theorie her — dank der von Ihnen durchgeführten Rechenarbeit — alle für die Auswertung der Verformungsmessungen erforderlichen Hilfsmittel bereitstehen. Gegenüber den bisher eingesetzten Stempeldruckversuchen dürfte hier ein erheblicher Fortschritt vorliegen, auf den ich aufmerksam machen möchte.

Prof. Karl (Ergänzung zu den Ausführungen von Herrn Döring): Es besteht die Möglichkeit, den Bewegungsablauf auch in Experimenten festzustellen, indem man Serienexperimente mit der gleichen Substanz durchführt und in beliebigen Stufen unterschiedlich verformt.

Dr. Körner: Ich wollte noch einen Punkt aufgreifen, den Herr Wolters schon angeschnitten hat, nämlich die Ermittlung der Festigkeit. So schwierig sich Versuche zur Ermittlung des Zeiteinflusses auf die Festigkeit gestalten mögen, so kann doch nicht auf solche verzichtet werden, denn der Zeiteinfluß ist bei der Beurteilung des Fließverhaltens entscheidend. Die Festigkeitsschwächung durch quasiviskoses Verhalten kann durch eine andere Art der mechanischen Beanspruchung nicht simuliert werden. Die Schwierigkeit liegt unter anderem auch darin, aus einer Serie von Kriech- bzw. Fließkurven eine verläßliche Aussage über die Bruchbedingungen eines bestimmten Materials zu erhalten.

Dr. Döring: Die Konsequenz, die Sie, Herr Körner, zuletzt genannt haben, ist wirklich weitreichend. Wenn man nämlich von dem, was ich versucht habe anzudeuten, ausgeht, so wird deutlich, daß man mit einer einzigen Mohrschen Bruch-Hüllkurve nicht auskommen kann. Es gibt also bei rheologischen Materialien notwendigerweise eine ganze Schar von Hüllkurven. Man kommt ohne rheologische Betrachtungen nicht mehr aus. Wenn das Problem noch zusätzlich anisotrop wird, dann genügt noch nicht einmal die normale Mohrsche Hüllkurve. Darüber hat Neubert bereits 1947 veröffentlicht.

Prof. Müller: Erlauben Sie dazu eine kurze Anregung: Bei dem von mir erwähnten Studium der Vajont-Rutschung als Kriechphänomen standen natürlich keine Kriechparameter für den Fels zur Verfügung; aber von Steinsalzen und anderem kennt man Kriechkurven. Formt man diese zu Kriechgeschwindigkeits-Kurven um, dann kommt man immerhin zu qualitativen Vergleichen, wenn auch noch nicht zu quantitativen Aussagen; denn den Geschwindigkeitsverlauf kennen wir bei vielen Rutschungen. Die Kriechkurven haben drei charakteristische Äste, welche ich, von Höfer abweichend, als kennzeichnend für „retardierendes" Fließen, „stationäres" und „beschleunigtes" Fließen bezeichne, weil damit die unmittelbaren Beobachtungsdaten angesprochen werden. Differenziert man diese Kurven, so zeigt sich ein sehr typischer Umschlagpunkt, bei dessen Überschreitung die Gleichgewichtsverhältnisse kritisch werden. Je nachdem, welcher Teil einer solchen Kurve dem Material im augenblicklichen Zustand zuzuordnen ist, ergibt sich die Möglichkeit, daß das Material schon bei einer kleinen zusätzlichen Belastung von einem noch ungefährlichen Ast der Kriechkurve, in welchem wieder ein Gleichgewicht erreicht werden kann, zu einem gefährlichen Kriechstadium überspringt, welches progressiv einem Bruch zustrebt*.

Betrachten wir die Verhältnisse unter einem Gleitkörper, dann liegt es nahe, eine Kriechkurve nicht mit den Koordinaten ε und σ, sondern mit den Koordinaten γ und τ zu zeichnen. Offenbar ist doch die Schubfestigkeit des Materials abgemindert bzw. erschöpft, wenn gewisse kritische Schubwinkel erreicht sind. Die Masse hat eine gewisse Verzerrung nicht mehr ertragen, weil diese mit Gefügeumlagerung, Gefügelockerung, also mit Entfestigung, verbunden ist. So ist wohl vorzustellen, daß die Entfestigung oberhalb eines kritischen Verzerrungswinkels rapide zunimmt;

* Eine ausführliche Darstellung ist inzwischen erschienen (s. Müller, 1968).

denn was sich im Ast des beschleunigten Fließens ereignet und schließlich zum Bruch führt, ist doch, rein kinematisch betrachtet, nichts anderes als Teilkörperbewegung und Gefügeänderung. Gefügeänderung bedeutet Änderung der mechanischen Eigenschaften. Alle Gefügeänderungen, welche mit Schließung der Fugen verbunden sind, müssen festigkeitserhöhend wirken, solche, welche mit Auflockerung einhergehen, müssen zum Bruch führen.

Dr. Kern: Ich möchte noch auf ein kleines Experiment hinweisen, das mir in diesem Zusammenhang interessant zu sein scheint. Wir haben würfelförmige Marmorproben echt dreiaxial ($\sigma_1 \neq \sigma_2 \neq \sigma_3$) unter linearem Lastanstieg verformt und die relativen Längenänderungen der Proben in den drei Hauptrichtungen gemessen. Die aus den relativen Längenänderungen resultierenden Volumenänderungen ergeben in Abhängigkeit von der Zeit die in Abb. 8 schematisiert gezeichnete Kurve. Der de-

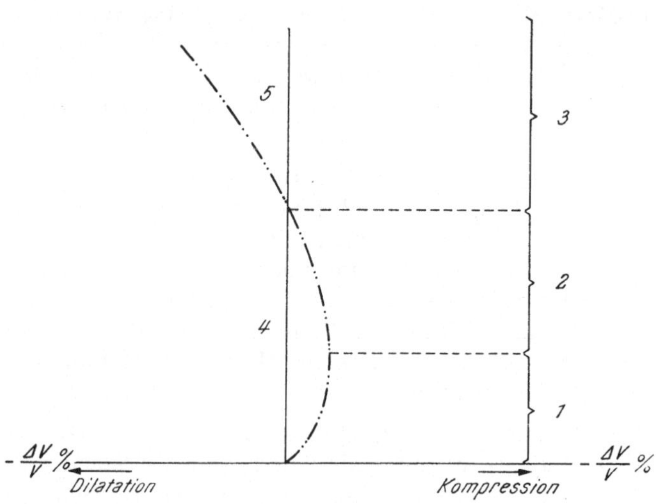

Abb. 8. Verformungsphasen bei dreiaxial wirkender Beanspruchung. *1* Kompression (Gleitungsfließen in die Verfestigung); *2* relative Dehnung (Gleitungsfließen in die Entfestigung); *3* absolute Dehnung (Bruchfließen in die Entfestigung); *4* Belastungszeit; *5* Normaldrücke

Phases of deformation during triaxial loading. *1* compression; *2* relative extension; *3* absolute extension; *4* time of load; *5* normal pressures

Comportement mécanique pendant le chargement triaxial. *1* compression; *2* extension relative; *3* extension absolue; *4* temps de charge; *5* compressions normales

gressiv gegen die Kompressionsachse gekrümmte Kurventeil entspricht im Sinne von F. Karl einem Fließen in die Formungsverfestigung. Im Kurvenmaximum die größte Verfestigung (Verdichtung) erreichend, geht die Volumenänderung dann progressiv über in eine zunächst relative, später sogar absolute Volumenvergrößerung. Gefügekundlich läßt sich zeigen, daß die Phase der Gefügeverfestigung mit intrakristallinen Gleitvorgängen verbunden ist, während die mit einer Volumendilatanz verbundene Entfestigung im Einklang mit der Griffith-Theorie auf die Bildung feinster Risse im Korngrößenbereich zurückzuführen ist.

Prof. Müller: Genau dasselbe kann man im nächsthöheren Größenbereich, im Bereich des Kluftkörpermosaiks, feststellen. Das haben unsere Großversuche in Kurobe IV gezeigt, die diesbezüglich leider noch immer nicht ausgewertet werden konnten.

Dr. Körner: Die zuletzt aufgezeichneten Kurven gelten wohl nur für endliche Prüfkörper. Die Versuchstechnik müßte dazu übergehen, mit einer unendlichen Probenabmessung zu arbeiten. Dazu bietet sich der Kreisring-Scherapparat an. Ob dieser jedoch auch für Felsproben angewendet werden kann, erscheint fraglich.

Literatur

Becker: Über die Plastizität amorpher und kristalliner fester Körper. Physik. Zschr. *26,* 919 (1925).

Becker: Über Plastizität, Verfestigung und Rekristallisation. Physik. Zschr. *27,* 547 (1926).

Blank: Über die Kohäsionsgrenzen des Steinsalzkristalles. Zschr. f. Physik *61,* 727–749 (1930).

Döring, T., F. Heinrich und H. Pforr: Zur Frage des Verformungs- und Festigkeitsverhaltens statistisch isotroper und homogener Gesteine mit elastischen Verformungseigenschaften. Bericht 6. Ländertreffen IBG, Leipzig 1964. Berlin: Akademie-Verlag. 1965.

Döring, T.: Diskussion zum 6. Ländertreffen des Internationalen Büros für Gebirgsmechanik. Leipzig 1964. Bericht 6. Ländertr., 191, Berlin: Akademie-Verlag. 1965.

Haefeli, R.: Schneemechanik mit Hinweisen auf die Erdbaumechanik. In: H. Bader, R. Haefeli, E. Bucher, J. Neher, O. Eckel, Chr. Thoms und P. Niggli: Der Schnee und seine Metamorphose. Schriftenreihe: Beiträge zur Geologie der Schweiz. Geotechnische Serie. Hydrologie, Lief. 3. Bern: Komm.-Verlag Kümmerly und Frey. 1939.

Haefeli, R., H. Bader und E. Bucher: Das Zeitprofil, eine graphische Darstellung der Entwicklung der Schneedecke. In: Beiträge zur Geologie der Schweiz. Geotechnische Serie. Hydrologie, Lief. 3. Bern: Komm.-Verlag Kümmerly und Frey. 1939.

Haefeli, R.: Eine Parallele zwischen der Eiskalotte Jungfraujoch und den großen Eisschildern der Arktis und Antarktis. Geol. Bauw. *26,* Heft 4 (1961).

Haefeli, R.: Some Mechanical Aspects on the Formation of Avalanches. Proc. Int. Conf. on Low Temperature Science, Vol. I, Part 2, 1199–1213 (1966).

Höfer, K. H.: Beitrag zur Frage der Standfestigkeit von Bergfesten im Kalibergau. Freiberger Forschungsheft A 100, Berlin: Akademie-Verlag. 1958.

Höfer, K. H.: Untersuchungen über Verformungen und Spannungen um Hohlräume in visko-elastisch-plastischen Medien. Bergakademie *16,* 3, 153–156 (1964).

Höfer, K. H., E. Berthold und W. Menzel: Rheologische Modelle und in-situ-Messungen im Salzgebirge. 6. Ländertreffen IBG, Leipzig 1964. Berlin: Akademie-Verlag. 1965.

Joffé: Deformation und Festigkeit der Kristalle. Zschr. f. Physik, 286 (1924).

Kröner: Kontinuumstheorie der Versetzungen und Eigenspannungen. Ergebn. angew. Math., Heft 5 (1958).

Kusnetzow und Semjentzow: Mechanische Eigenschaften an Steinsalzkristallen. Zschr. f. Kristallogr. *78,* 433 (1931).

Langer, M.: Grundlagen einer theoretischen Gebirgskörpermechanik. Proc. 1. Int. Congr. Rock Mechn., Vol. I, 277–282, Lissabon 1966.

Loonen: Der Zusammenhang zwischen Gebirgsdruck und Konvergenz in Hohlräumen unter Tage. Bei de Reeper: 4. Ländertreffen des IBG, 197–203, Berlin: Akademie-Verlag. 1963.

Müller, L.: Der Felsbau. Stuttgart: Ferdinand-Enke-Verlag. 1963.

Müller, L.: Opening Words. Int. Congr. Rock Mechn., Vol I, Lissabon 1966.

Müller, L.: New Considerations on the Vaiont Slide. Rock Mech. Eng. Geol., Vol VI/1 (1968).

Obert, L.: Deformational Behavior of Model Pillars Made from Salt, Trona, and Potash Ore. Proc. 6th Symp. Rock Mechn., Rolla/Missouri, 539 (1964).

Orowan: Zur Kristallplastizität I, Tieftemperaturplastizität und Beckersche Formel. Zschr. f. Physik *89,* 605–613 (1934a).

Orowan: Zur Kristallplastizität II. Die dynamische Auffassung der Kristallplastizität. Zschr. f. Physik *89,* 614–633 (1934b).

Orowan: Zur Kristallplastizität III. Über den Mechanismus des Gleitvorganges. Zschr. f. Physik *89,* 634–659 (1934c).

Orowan: Zur Kristallplastizität IV. Weitere Begründung des dynamischen Plastizitätsgesetzes. Zschr. f. Physik *90,* 573–595 (1935).

Orowan: Zur Kristallplastizität V. Vervollständigung der Gleitgeschwindigkeitsformel. Zschr. f. Physik *91,* 382–387 (1936).

Polanyi: Über eine Art Gitterstörung, die einen Kristall plastisch machen könnte. Zschr. f. Physik *89,* 660 (1934).

Reiner: Rheology. Handbuch der Physik *6* (1958).

Roš, M. und A. Eichinger: Die statische Bruchgefahr fester Bau- und Werkstoffe. Denkschr. 50-jähr. Best. d. Mat.-Prüfanst. TH Zürich (1930).

Roš, M. und A. Eichinger: Die Bruchgefahr fester Körper. Eidg. Mat.-Prüf- u. Vers.-Anst., Ber. 172. Zürich 1949.

Schmidt, W.: Über Gebirgsbildungshypothesen. Jb. Geol. Bundesanst. *73,* Wien 1922.

Seeger: Kristallplastizität. Handb. d. Physik *7* (1958).

Smekal: Abhängigkeit der Zerreißfestigkeit und Streckgrenze des Steinsalzkristalls von den Kristallisationsbedingungen. Physik. Zschr. *31,* 229 (1930).

Späth: Fließen und Kriechen der Metalle. Berlin-Grunewald: Metall-Verlag. 1955.

Stöcke und Borchert: Fließgrenzen von Salzgesteinen und Salztektonik. Kali *30,* 191 (1936).

Taylor: The Mechanism of Plastic Deformation of Crystals. Proc. Royal Soc., S. A 145, 362–387 (1934 a).

Taylor: A Theory of the Plasticity of Crystals. Zschr. f. Kristallogr. *89,* 375 (1934 b).

Theile: Temperaturabhängigkeit der Plastizität und Zugfestigkeit von Steinsalzkristallen. Zschr. f. Physik *75,* 763 (1932).

Zischinsky, U.: Über Sackungen. Rock Mechn., Bd. VII/1 (1969).

Anschriften der Diskussionsteilnehmer

Professor Dr. Bernhard Brockamp †, Institut für Reine und Angewandte Geophysik der Universität Münster/Westfalen.

Dr.-Ing. Tilo Döring, 92 Freiberg/Sachsen, DDR, Richard-Beck-Straße 7.

Privatdozent Dr. Wolfgang Dreyer, 3392 Clausthal-Zellerfeld, Berliner Straße 11.

Professor Dr.-Ing. ETH Robert Haefeli, 8044 Zürich, Schweiz, Susenbergstraße 193.

Direktor Dr. Karl-Heinz Höfer, 703 Leipzig, DDR, Friederikenstraße 60.

Professor Dr. Franz Karl, Mineralogisches Institut der Universität Kiel, 23 Kiel, Olshausenstraße 40–60.

Dr.-Ing. Hartmut Kern, Wissensch. Assistent am Mineralogisch-Petrographischen Inst. der Universität Kiel, 23 Kiel, Olshausenstraße 40–60.

Dr.-Ing. Helmut Körner, Oberregierungsrat am Bayer. Geolog. Landesamt, 8 München, Prinzregentenstraße 28.

Dr. Michael Langer, Wissenschaftl. Rat bei der Bundesanstalt für Bodenforschung, 3 Hannover-Buchholz, Sven-Hedin-Straße.

o. Professor Dr.-Ing. Horst Leipholz, Institut für Technische Mechanik und Festigkeitslehre der Universität Karlsruhe, 75 Karlsruhe, Reinhold-Frank-Straße 47.

Professor Dr. techn. Leopold Müller, Abteilung Felsmechanik am Institut für Bodenmechanik und Felsmechanik der Universität Karlsruhe, 75 Karlsruhe, Kaiserstraße 12.

Dr. Richard Wolters, Geolog. Landesamt Nordrhein-Westfalen, 415 Krefeld, Westwall 124.

Dr. Ulf Zischinsky, 1090 Wien, Liechtenstein-Straße 45.